中国主要农田景观无人机影像图集

刘　佳　姚保民　滕　飞
李丹丹　王利民　王小龙　著

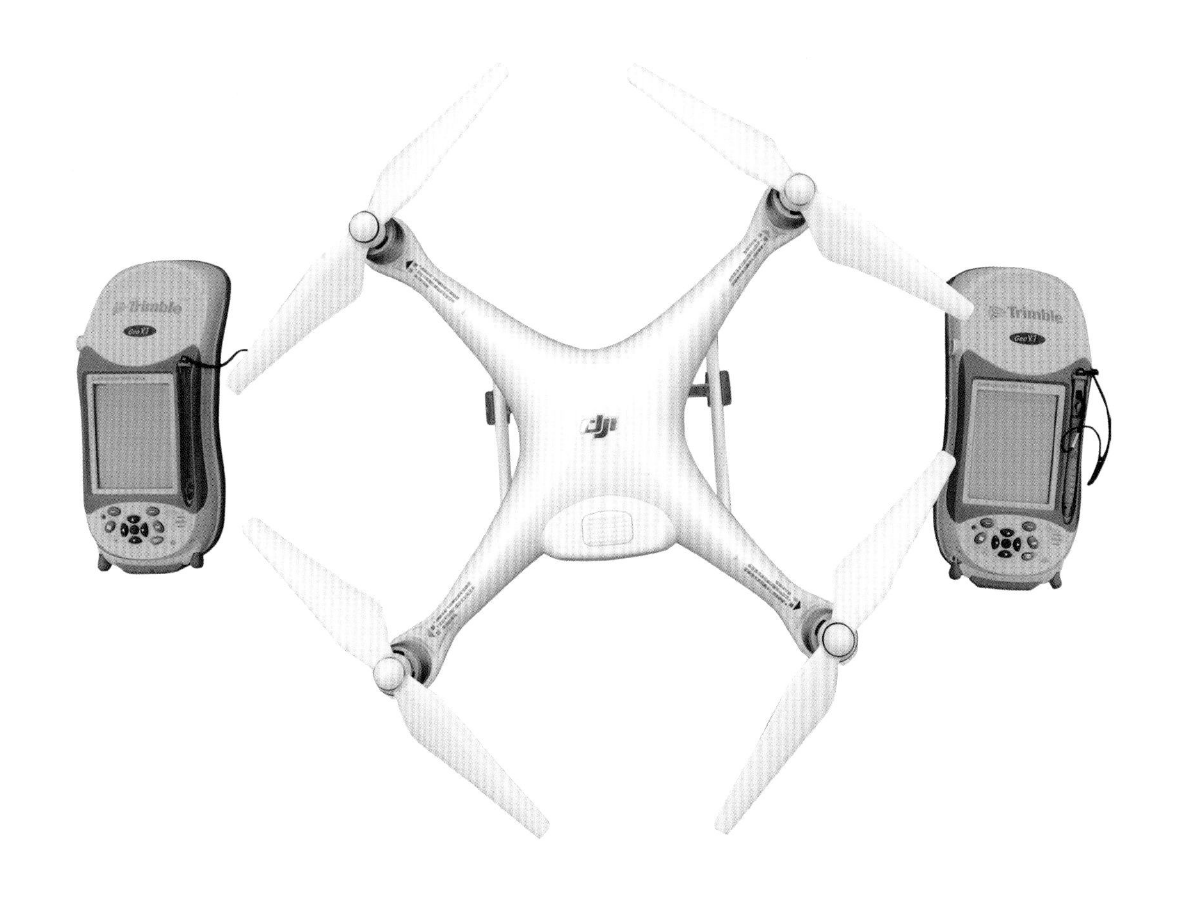

中国农业科学技术出版社

图书在版编目（CIP）数据

中国主要农田景观无人机影像图集 / 刘佳等著 . -- 北京：中国农业科学技术出版社，2021.10

ISBN 978-7-5116-5441-0

Ⅰ . ①中… Ⅱ . ①刘… Ⅲ . ①无人驾驶飞机—航空遥感—应用—农田—监测—中国—图集 Ⅳ . ① S127-64

中国版本图书馆 CIP 数据核字（2021）第 156520 号

本书地图经中华人民共和国自然资源部地图审核
审图号：GS（2021）7819 号

责任编辑 于建慧
责任校对 马广洋
责任印制 姜义伟 王思文

出 版 者 中国农业科学技术出版社
北京市中关村南大街 12 号 邮编：100081
电 话 （010）82109708（编辑室）（010）82109702（发行部）
（010）82109709（读者服务部）
传 真 （010）82106650
网 址 http://www.castp.cn
经 销 者 各地新华书店
印 刷 者 北京建宏印刷有限公司
开 本 210 mm × 210 mm 1 /12
印 张 11.5
字 数 123 千字
版 次 2021 年 10 月第 1 版 2021 年 10 月第 1 次印刷
定 价 120.00 元

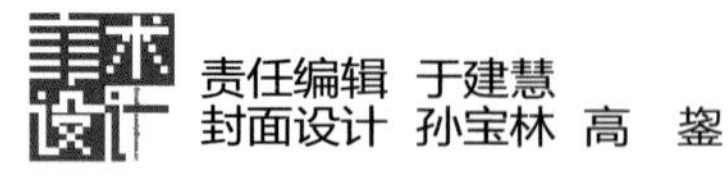

农科社官网
http://www.castp.cn
上架建议：农业/科技

定价：120.00元

前　言

在农业遥感应用领域，无人机遥感技术是当前地面样方调查的主要手段。在中国农业科学院“国家农情遥感监测业务运行系统”中，地面样方调查是一个主要业务环节，也是空间抽样样本获取、遥感调查结果精度验证的主要依据。与高精度GPS实测地面样方的方法相比较，无人机（Unmanned Aerial Vehicle，UAV）调查的方式具有效率高、可溯性强的特点，在地面样方调查业务中得到广泛的应用。中国农业科学院农业资源与农业区划研究所作为“国家农情遥感监测业务运行系统”的业务支撑单位，积累了大量的农田无人机调查数据。该图集收集了2013—2019年18个省（区、市）的地面无人机航拍数据，并根据监测业务中常用的分区方式，划分为华北、东北、华东、华中、华南、西南、西北等篇，展示了中国不同地理区域无人机影像获取的农田景观类型，能够使读者对中国耕地分布特征有比较直观的了解。

图集共筛选收录无人机航拍图115幅，像元空间分辨率为3~10cm，成图比例尺为1∶36 000~1∶5 200。最小的影像面积为0.18km^2，最大的为10.38km^2，平均为1.05km^2；影像面积在0.1~0.5km^2、0.5~1.5km^{2}和1.5~10.5km^{2}的影像分别为36幅、70幅和9幅。农田分布的地貌涵盖了平原、丘陵、高原，类型除小麦（春小麦、冬小麦）、玉米（春玉米、夏玉米）、水稻、棉花、油菜、花生、大豆、大蒜、豌豆、青稞等农田景观外，还包括草原等农业景观。本图集可为相关领域的业务人员提供参考依据。

著　者

2021年10月于北京

目　录

华中篇

湖北省

湖南省

华南篇

福建省

海南省

西南篇

重庆市

四川省

云南省

西北篇

陕西省

青海省

新疆维吾尔自治区

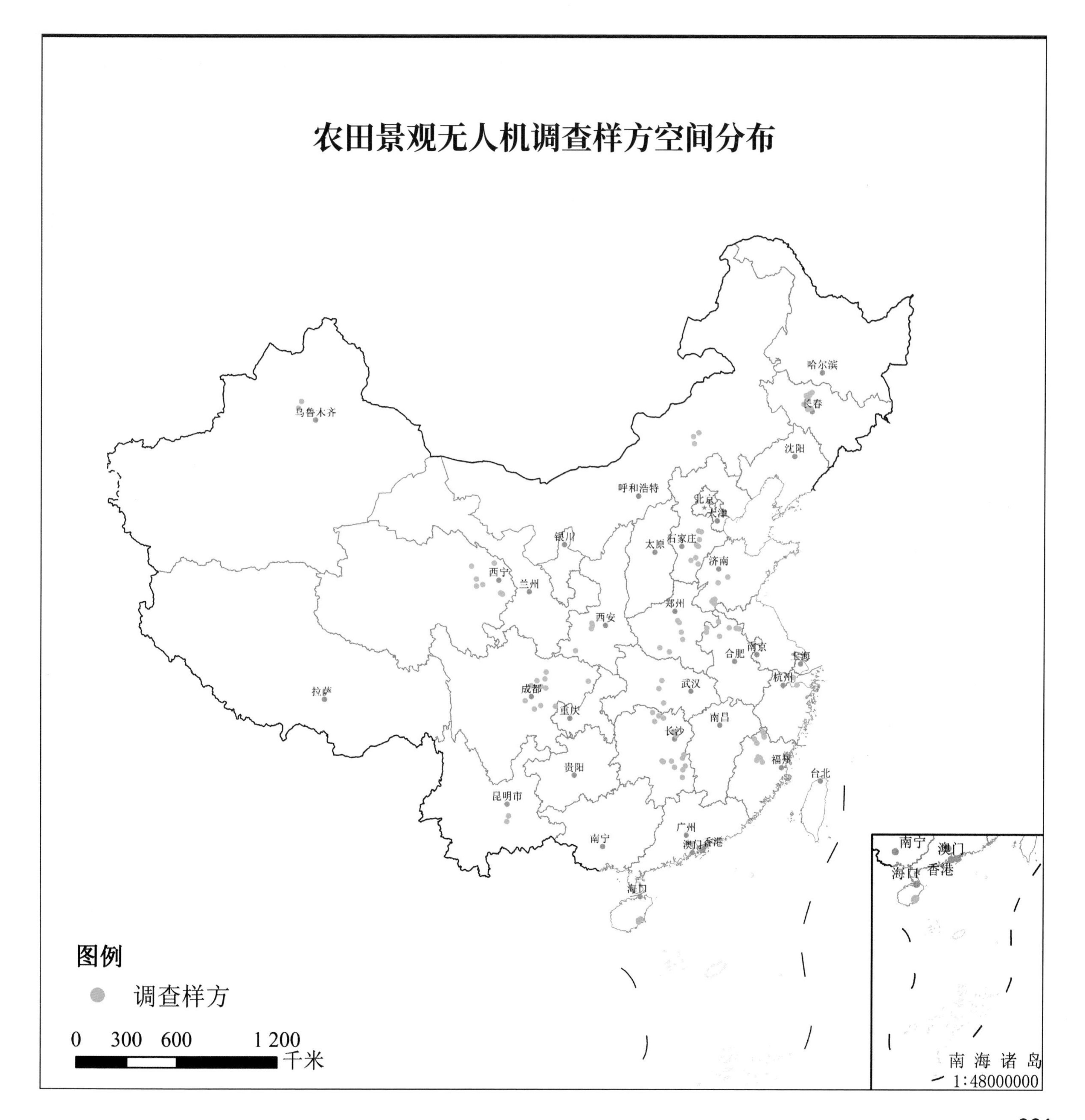
农田景观无人机调查样方空间分布
哈尔滨
长春
乌鲁木齐
沈阳
呼和浩特
北京
天津
银川
太原
石家庄
济南
西宁
兰州
郑州
西安
南京
合肥
上海
杭州
拉萨
成都
武汉
重庆
南昌
长沙
福州
贵阳
台北
昆明市
广州
南宁
澳门
香港
海口
图例
调查样方
0 300 600 1 200
千米
南宁
澳门
海口
香港
南海诸岛
1:48000000

华北篇

包括北京市、天津市、河北省、山西省、内蒙古自治区、山东省、河南省，主要种植玉米、大豆、冬小麦、大蒜等作物，本区垄畦规则分布，地块平整，易于耕作，共收集影像28景。

华北						
北京	天津	河北	山西	内蒙古	山东	河南
1		9		3	8	7

北京市

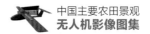

北京市顺义区农田景观

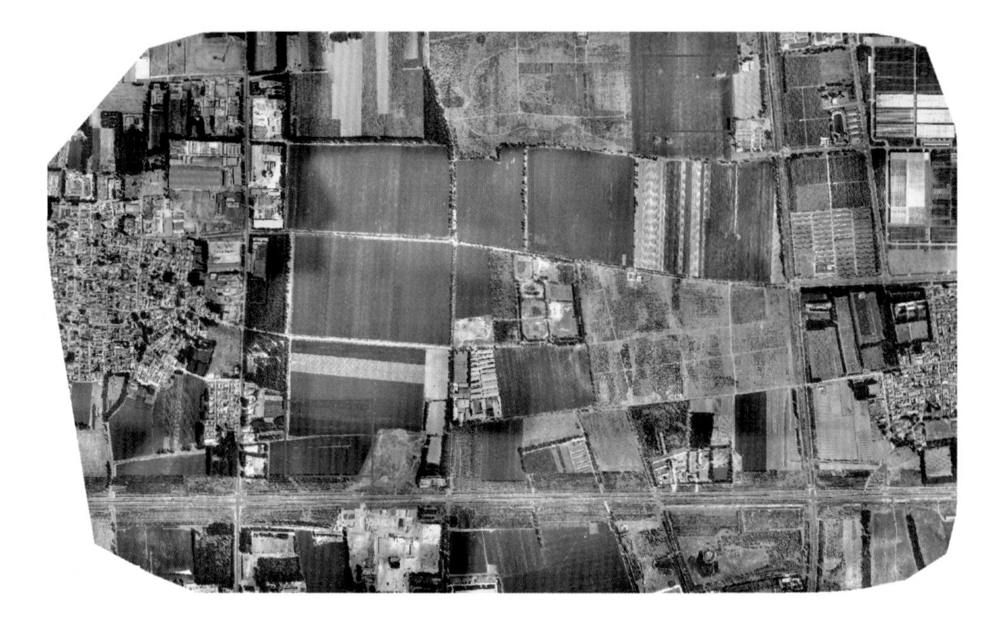

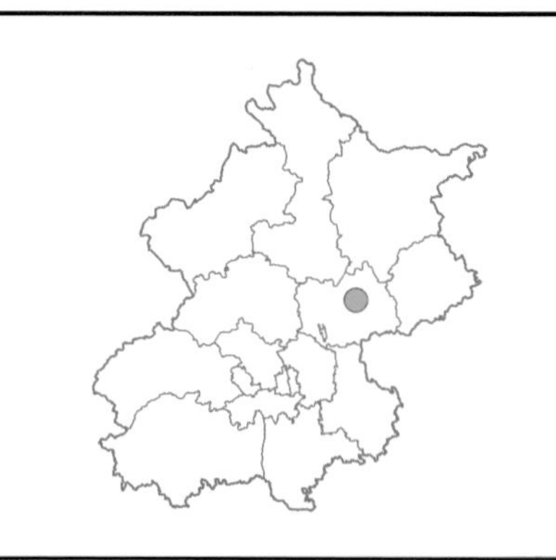

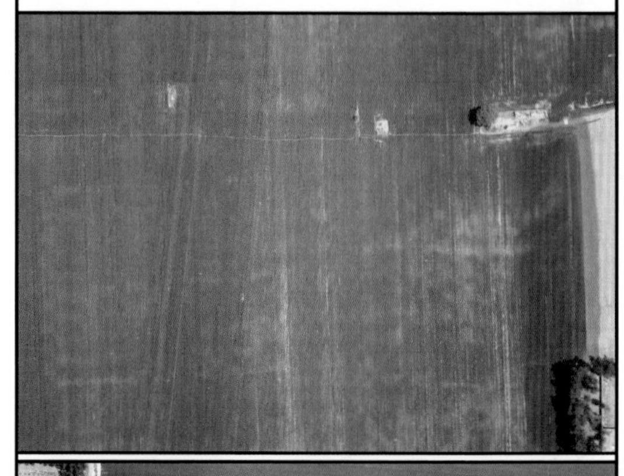

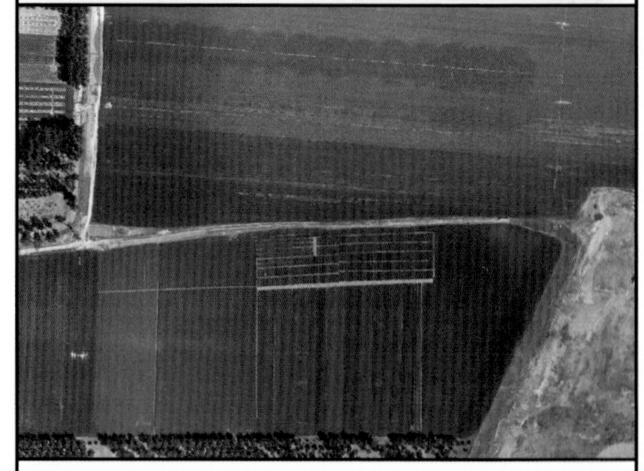

时　　间　2013年5月
地　　点　北京市顺义区
地　　形　平原
类　　型　冬小麦田

河北省保定市高阳县农田景观

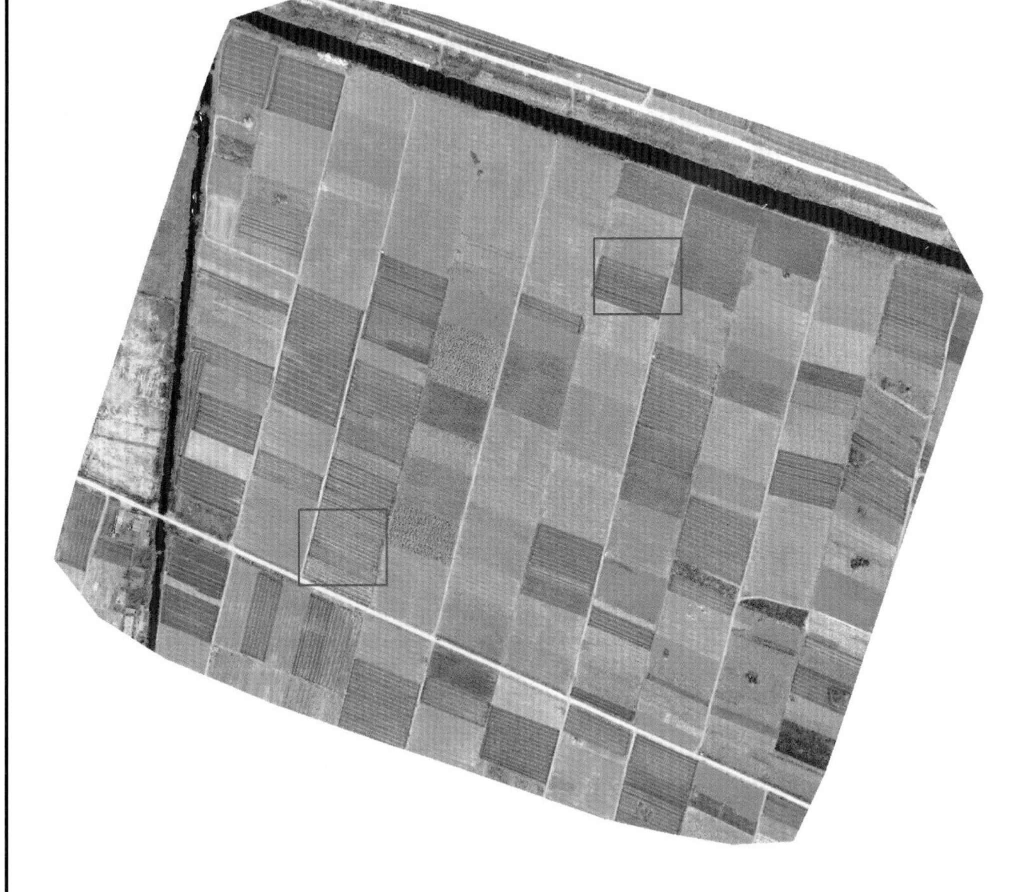

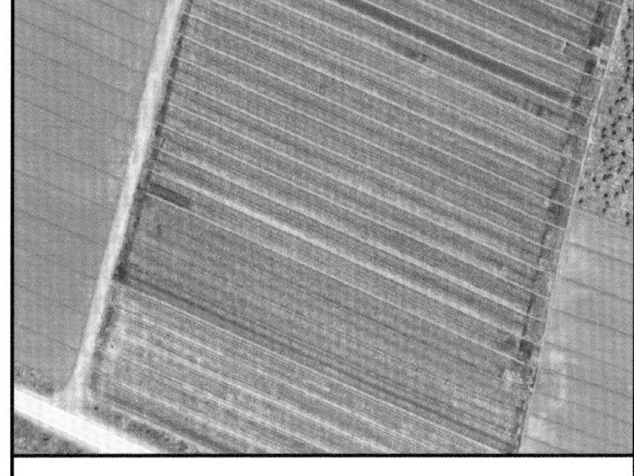

时　　间　2017 年 12 月

地　　点　河北省保定市高阳县

地　　形　平原

类　　型　冬小麦田

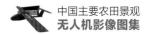

河北省沧州市任丘市农田景观

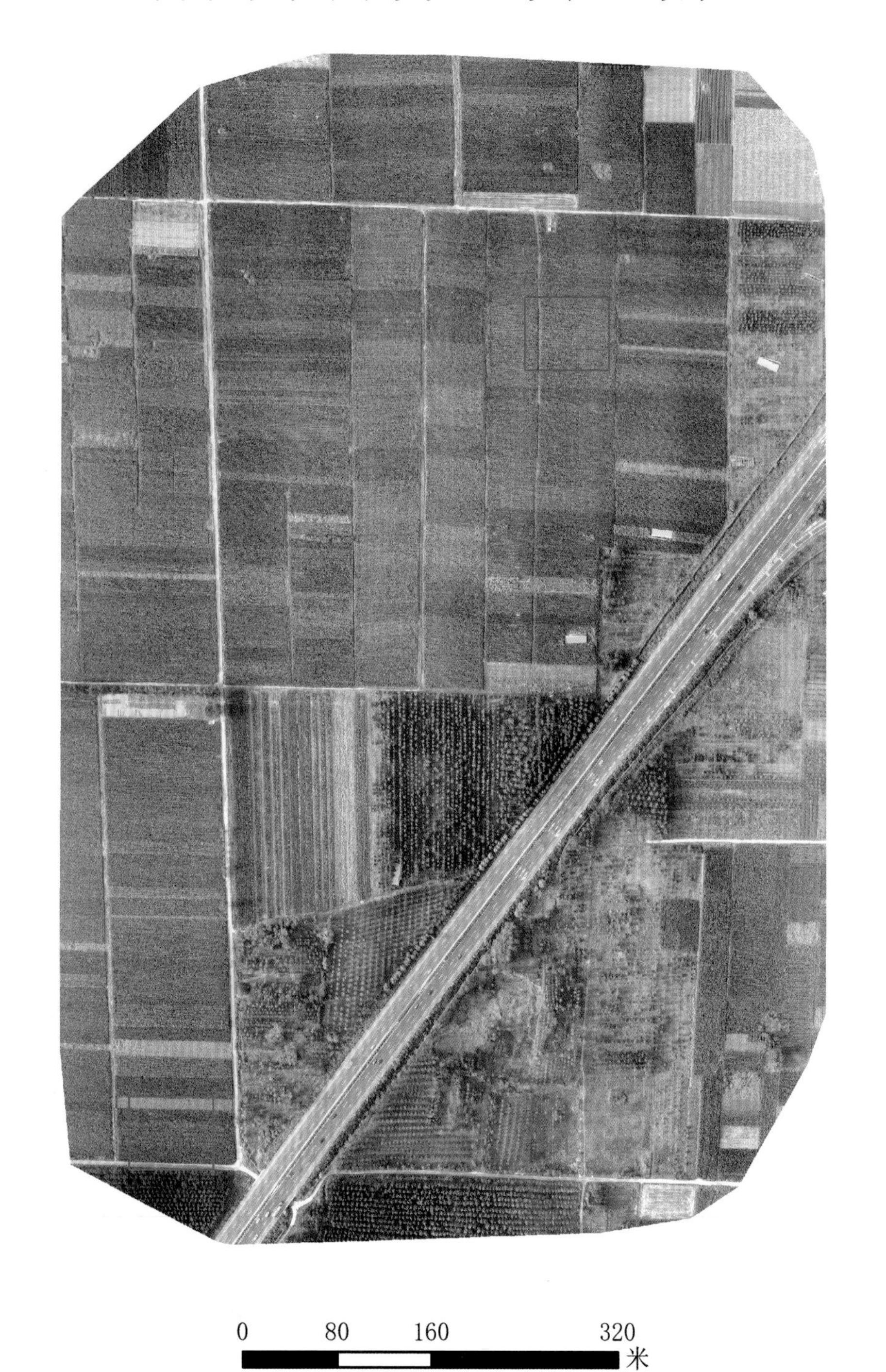

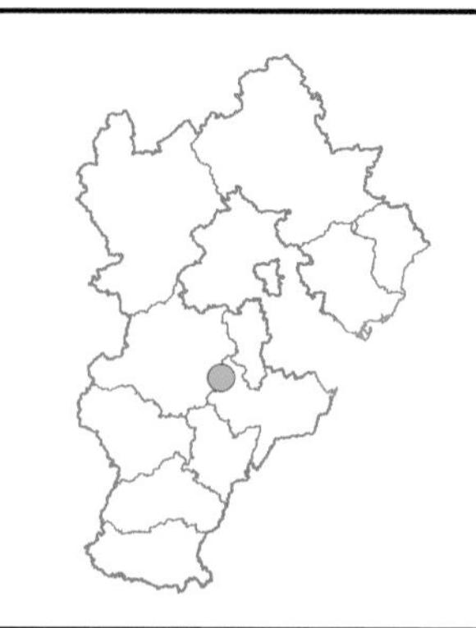

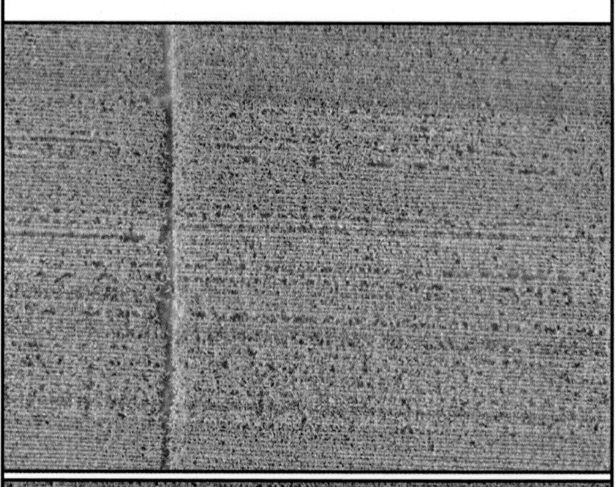

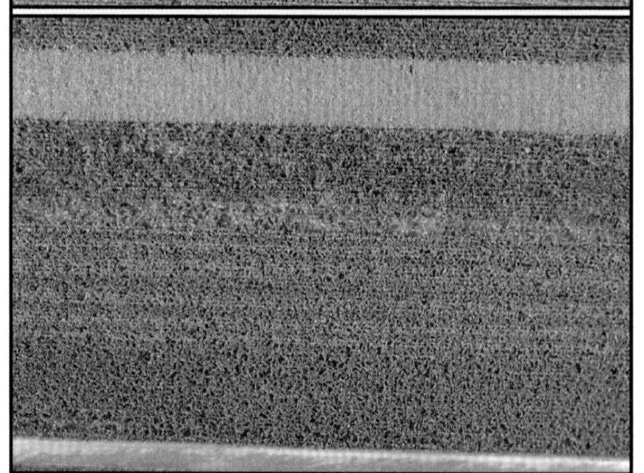

时　　间　2017 年 8 月
地　　点　河北省沧州市任丘市
地　　形　平原
类　　型　夏玉米田

河北省衡水市深州市农田景观

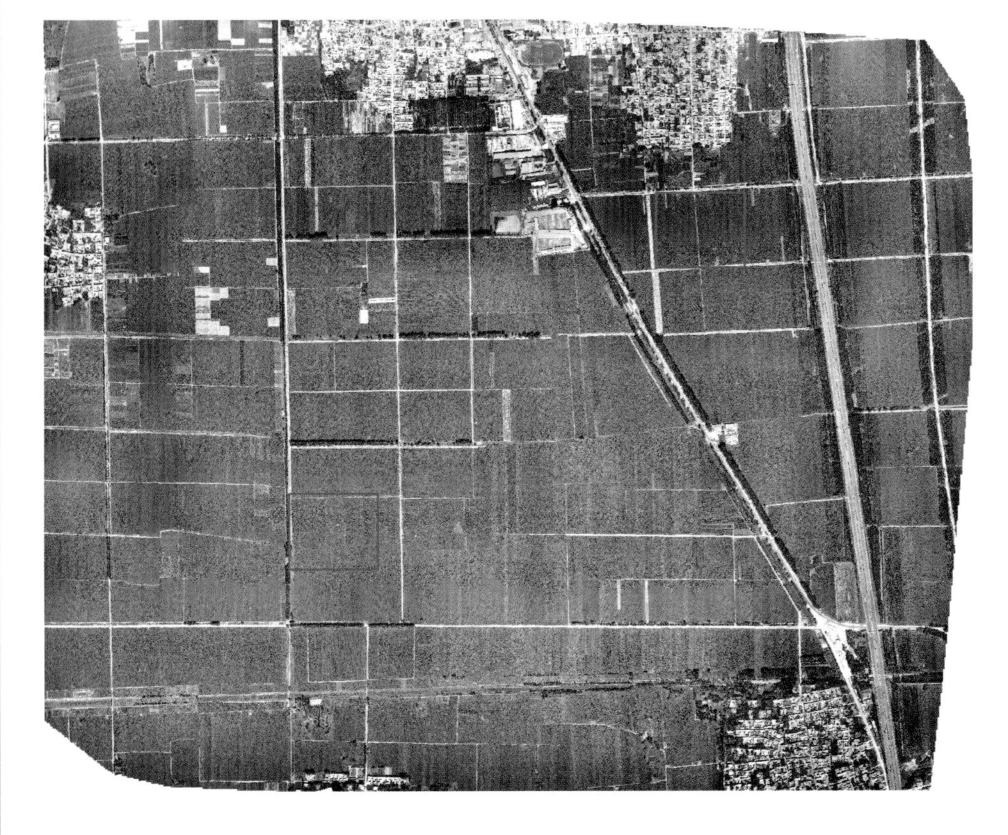

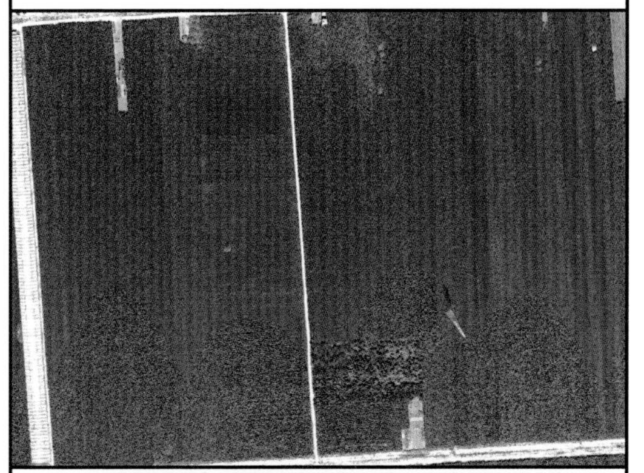

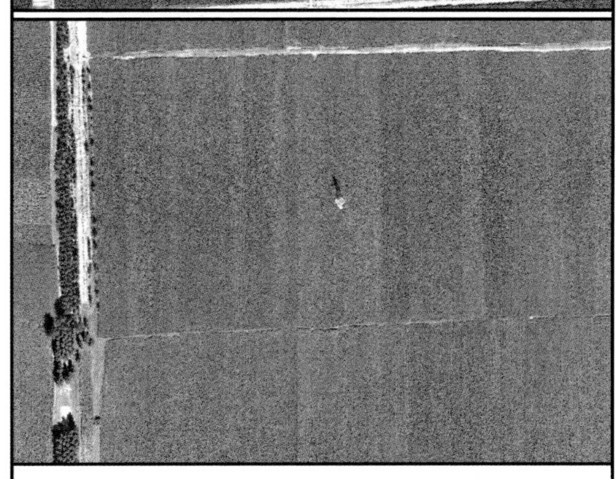

时　　间　2017年8月

地　　点　河北省衡水市深州市

地　　形　平原

类　　型　夏玉米田

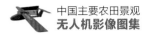

河北省衡水市深州市农田景观

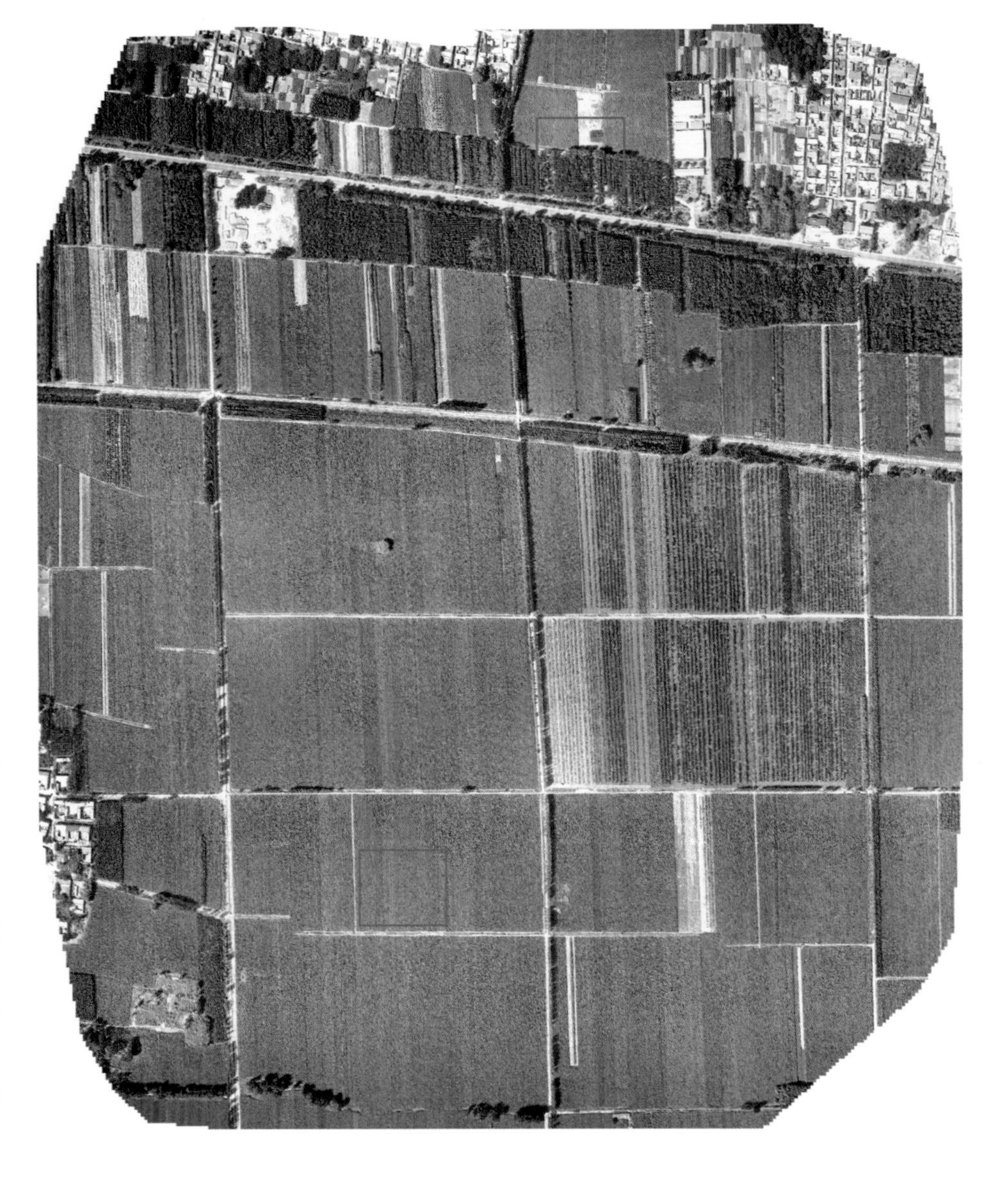

0　150　300　600
米

时　间　2017 年 8 月

地　点　河北省衡水市深州市

地　形　平原

类　型　夏玉米田、果园

河北省

河北省衡水市深州市农田景观

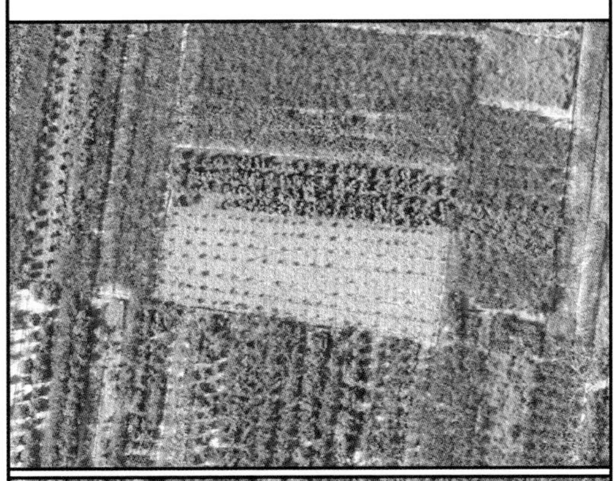

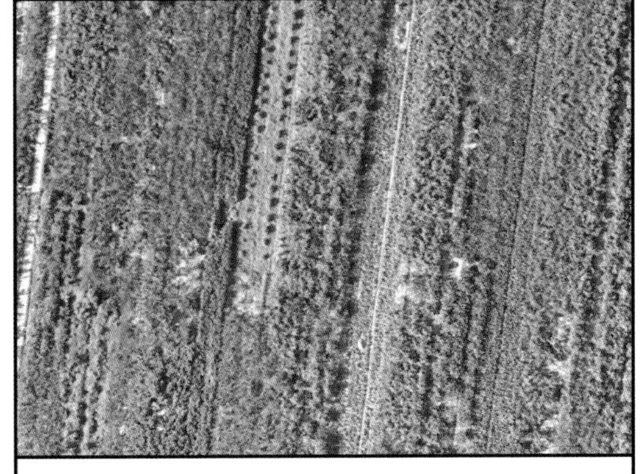

时　间　2017年8月

地　点　河北省衡水市深州市

地　形　平原

类　型　果园

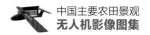

河北省衡水市饶阳县农田景观

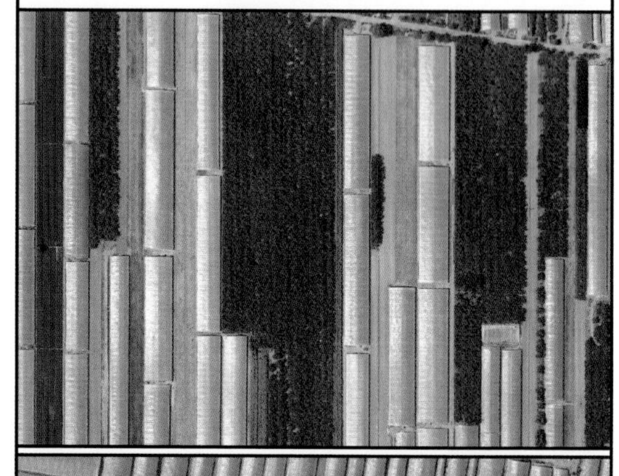

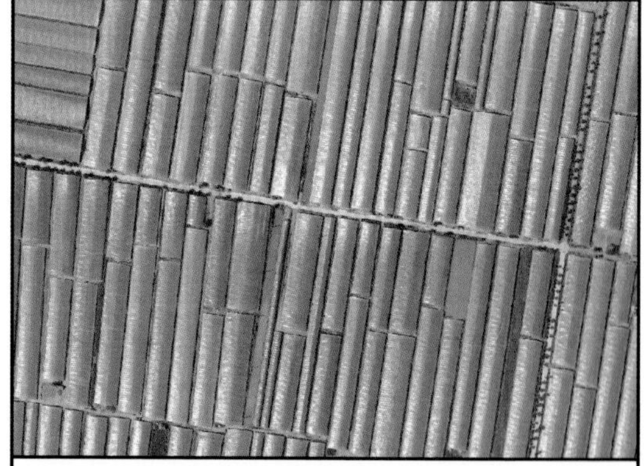

0 350 700 1 400
米

时 间 2016 年 6 月

地 点 河北省衡水市饶阳县

地 形 平原

类 型 蔬菜大棚、果园

河北省邢台市巨鹿县农田景观

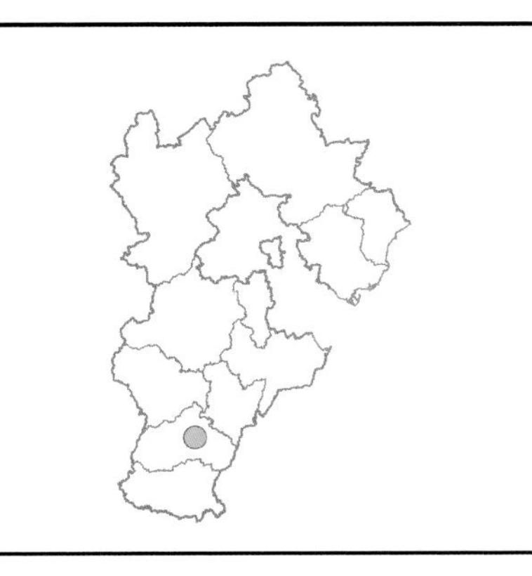

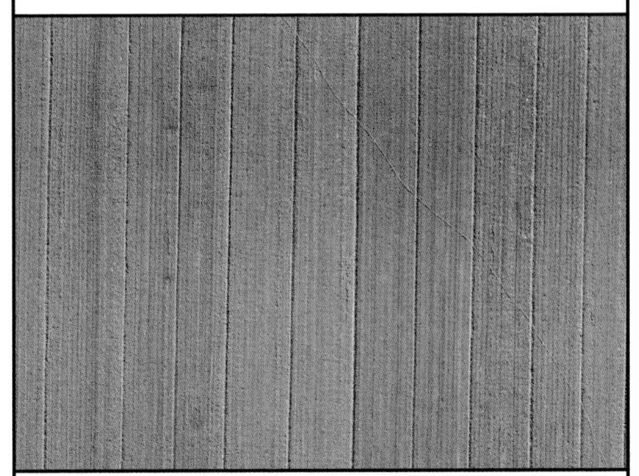

时　间　2017 年 12 月

地　点　河北省邢台市巨鹿县

地　形　平原

类　型　冬小麦田

内蒙古自治区锡林郭勒盟锡林浩特市农业景观

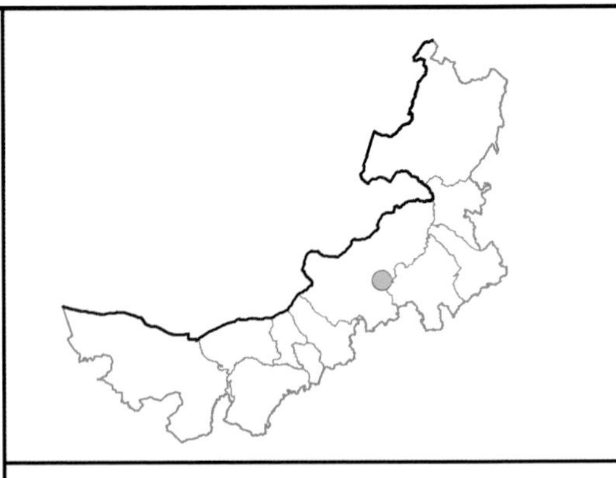

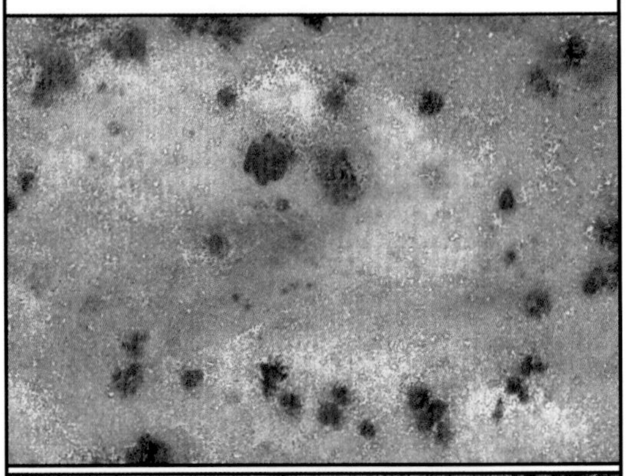

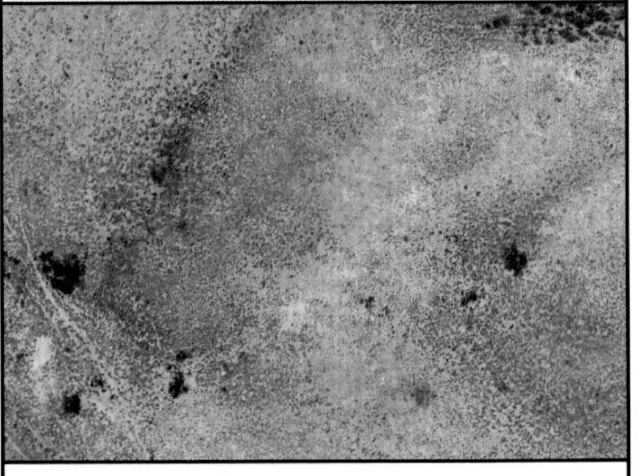

时　　间　2018 年 8 月
地　　点　内蒙古自治区
　　　　　锡林郭勒盟锡林浩特市
地　　形　高原
类　　型　草原

内蒙古自治区锡林郭勒盟锡林浩特市农业景观

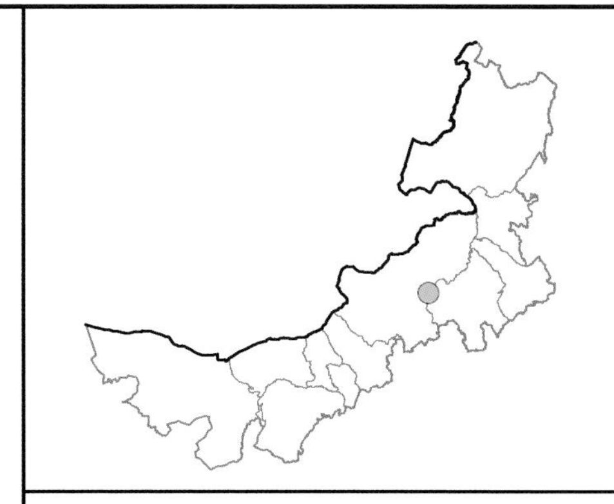

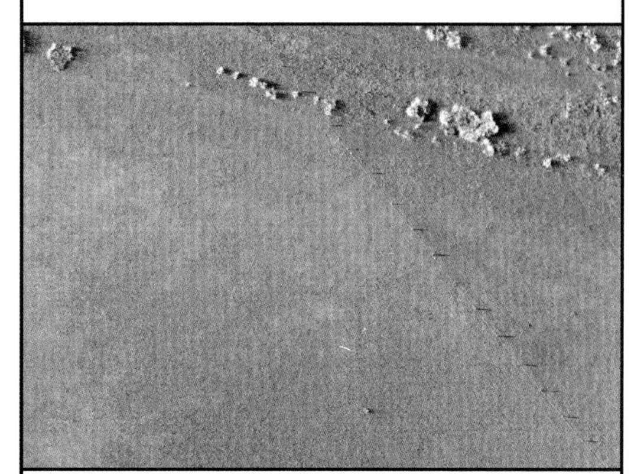

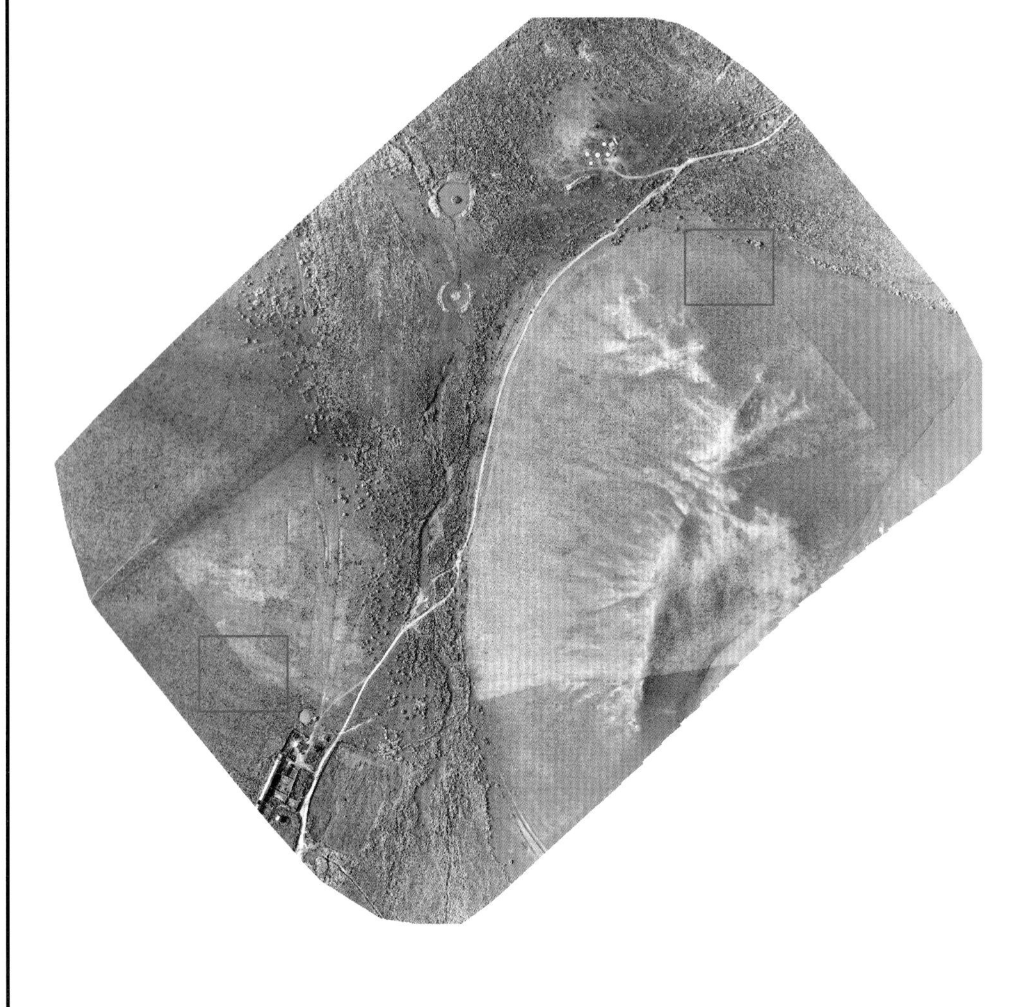

时　　间　2018年8月

地　　点　内蒙古自治区
　　　　　锡林郭勒盟锡林浩特市

地　　形　高原

类　　型　草原

内蒙古自治区锡林郭勒盟阿巴嘎旗农业景观

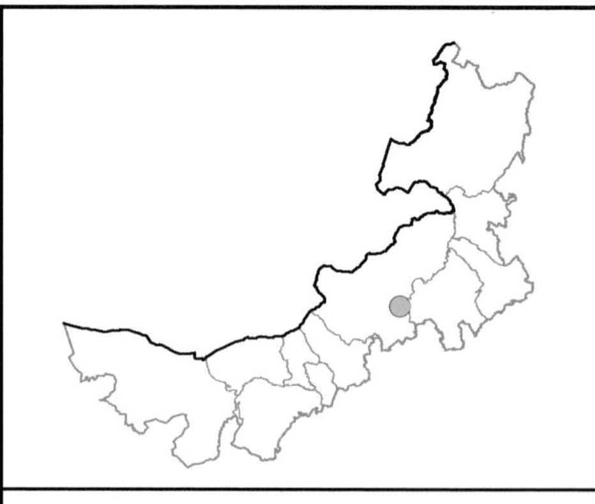

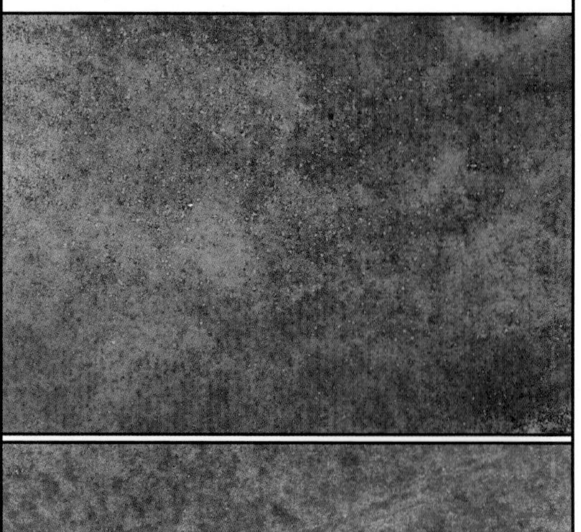

0　125　250　500
米

时　间	2018 年 8 月
地　点	内蒙古自治区 锡林郭勒盟阿巴嘎旗
地　形	高原
类　型	草原

山东省济南市莱芜区农田景观

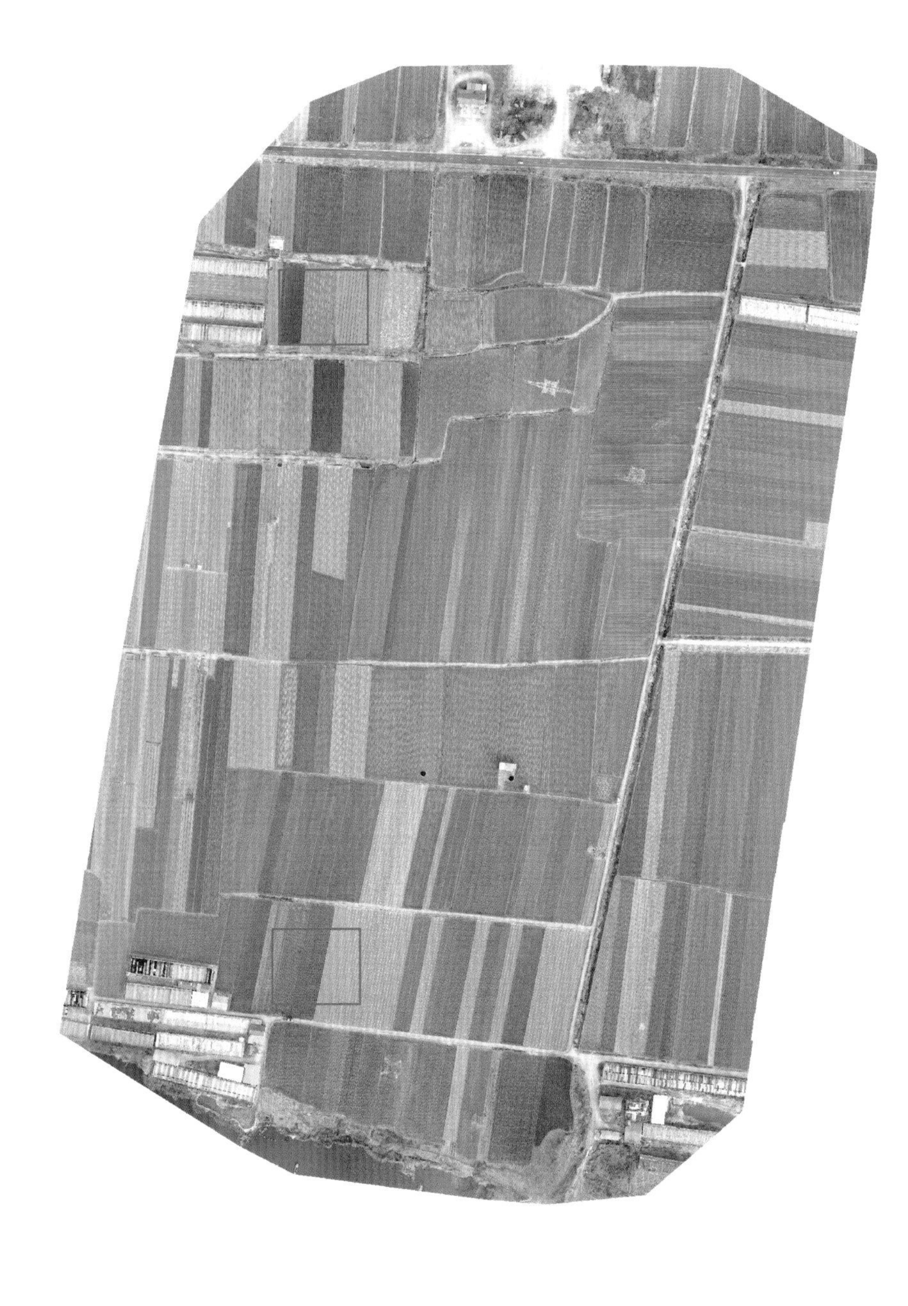

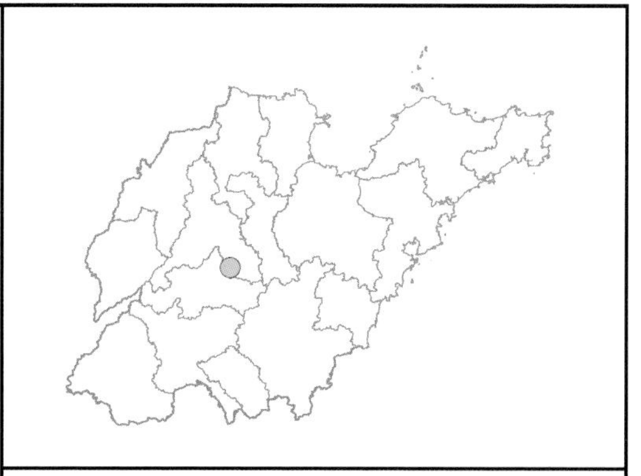

时　　间　2017年12月

地　　点　山东省济南市莱芜区

地　　形　平原

类　　型　冬小麦田、大蒜田

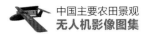

山东省泰安市肥城市农田景观

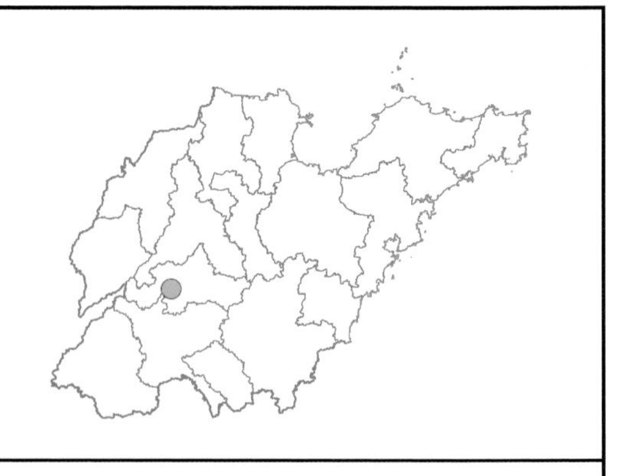

时　间　2017 年 12 月

地　点　山东省泰安市肥城市

地　形　平原

类　型　冬小麦田、大蒜田

山东省

山东省济宁市金乡县农田景观

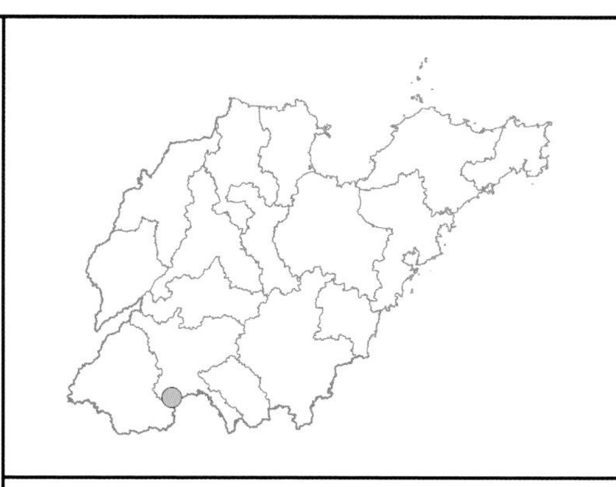

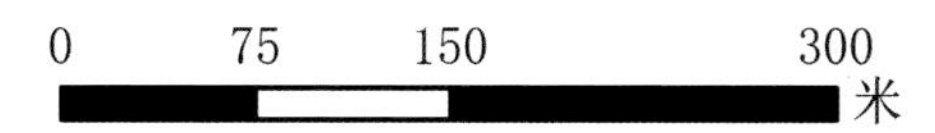

时　　间　2019 年 1 月

地　　点　山东省济宁市金乡县

地　　形　平原

类　　型　大蒜田（地膜）、冬小麦田

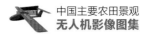

山东省济宁市金乡县农田景观

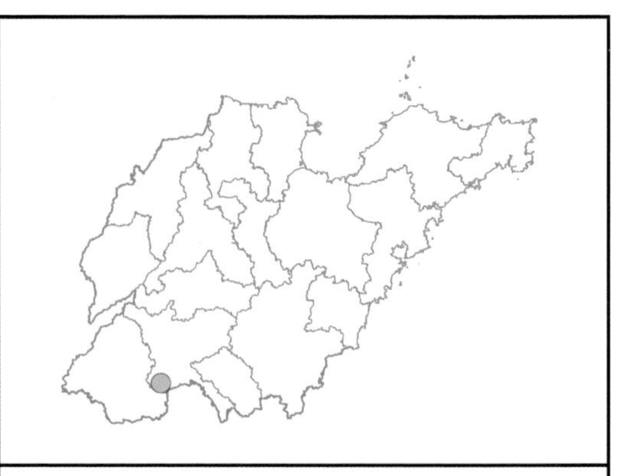

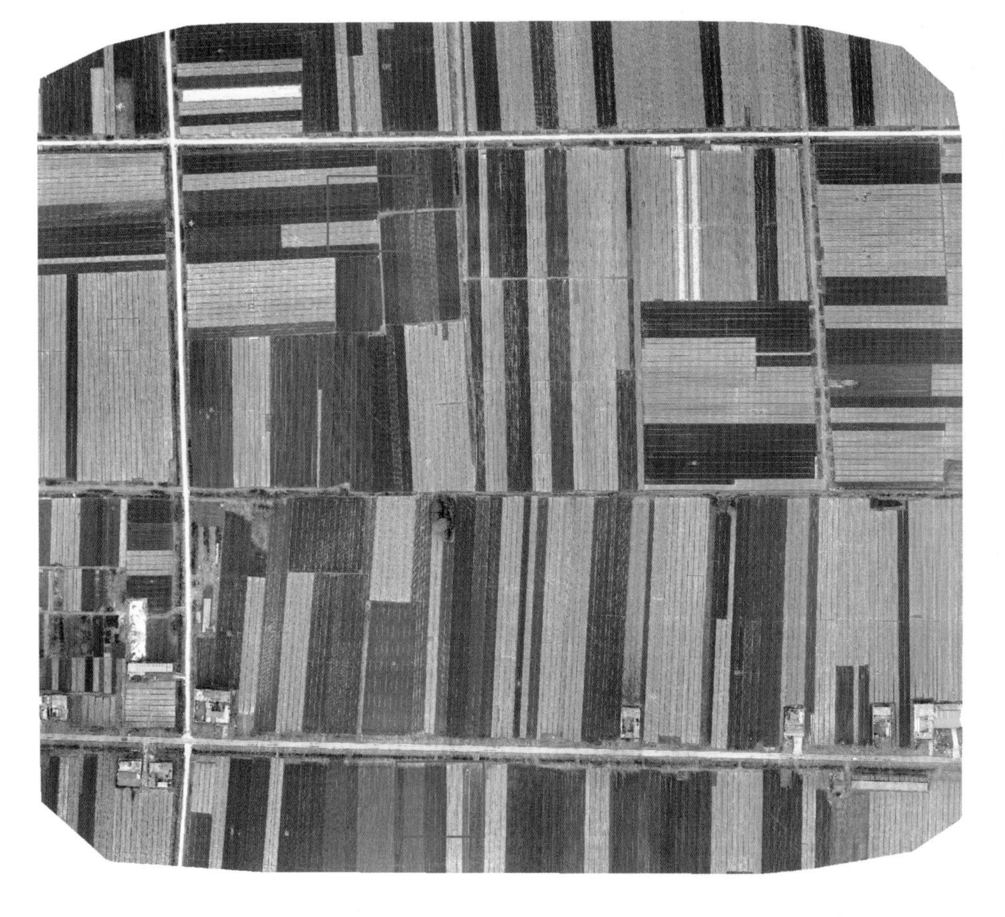

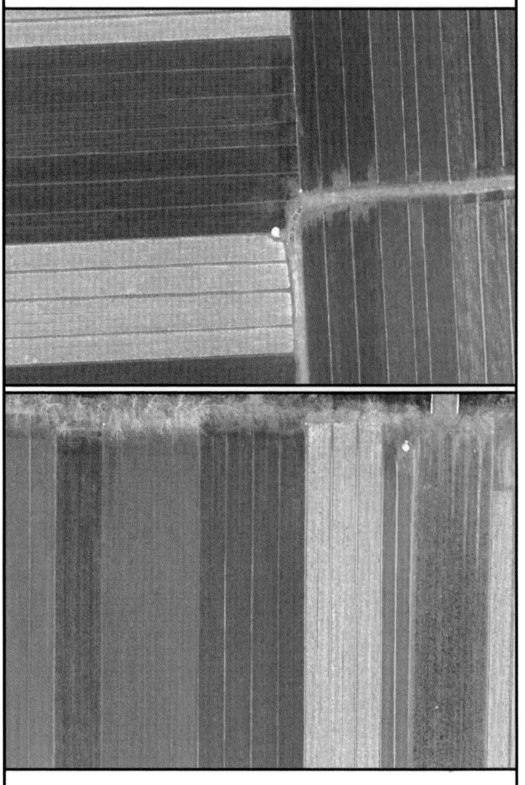

时　间	2019年1月
地　点	山东省济宁市金乡县
地　形	平原
类　型	大蒜田（地膜）、冬小麦田

山东省济宁市金乡县农田景观

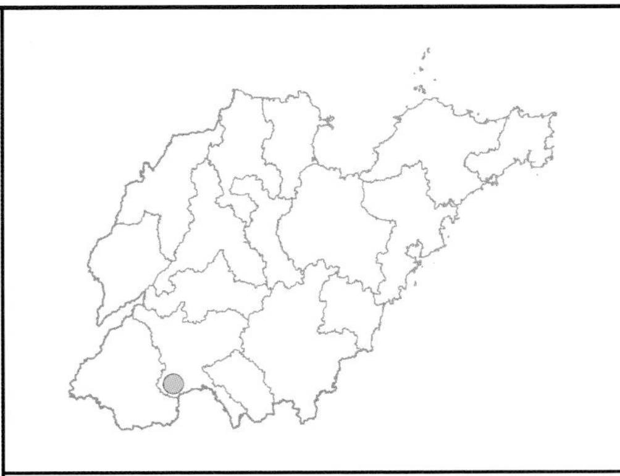

时　　间　2019 年 1 月

地　　点　山东省济宁市金乡县

地　　形　平原

类　　型　大蒜田（地膜）、冬小麦田

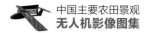

山东省济宁市金乡县农田景观

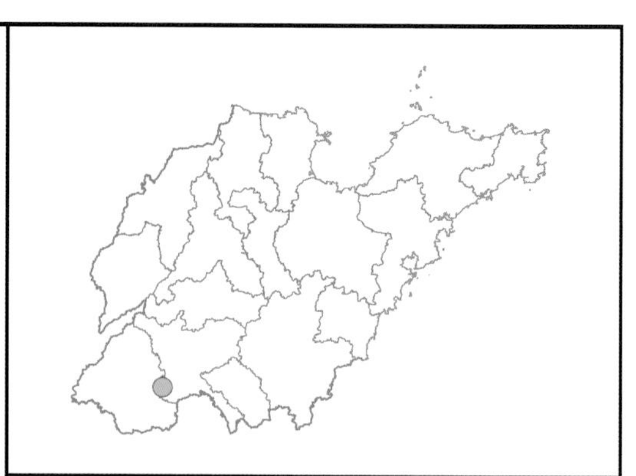

时间	2019年1月
地点	山东省济宁市金乡县
地形	平原
类型	大蒜田（地膜）、冬小麦田

山东省

山东省济宁市金乡县农田景观

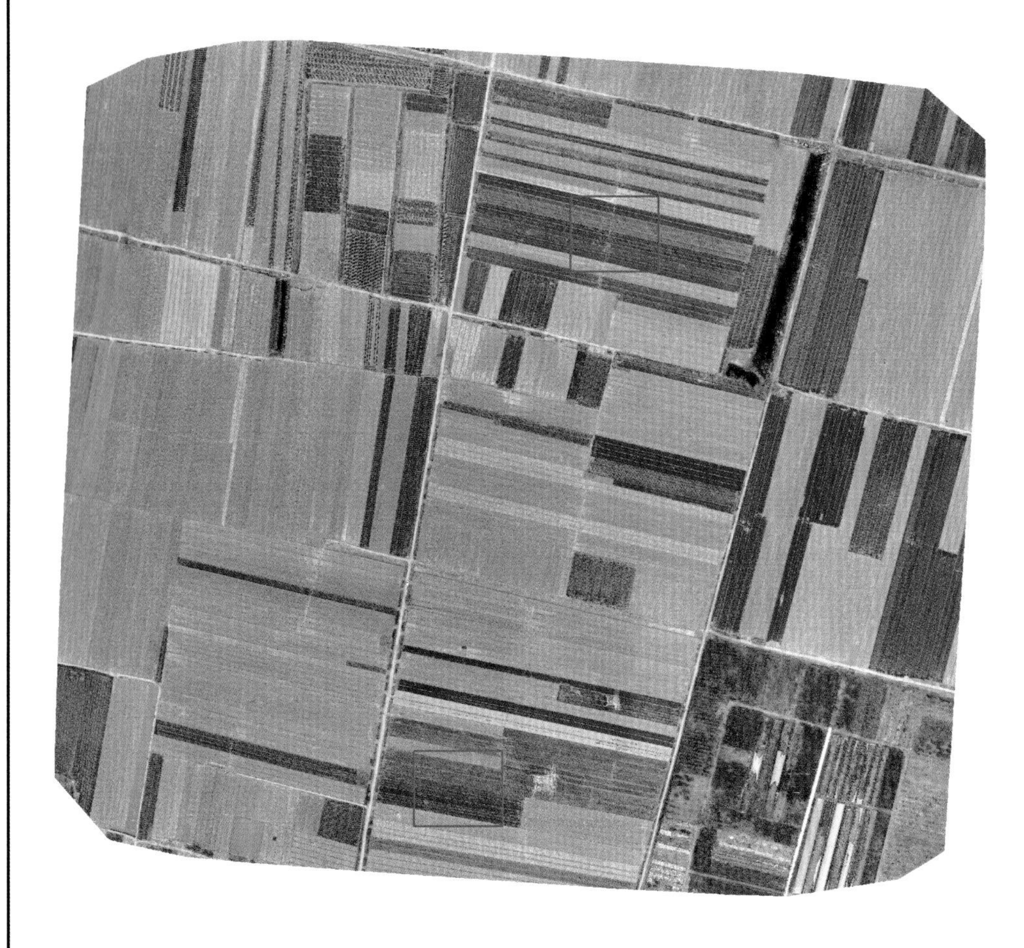

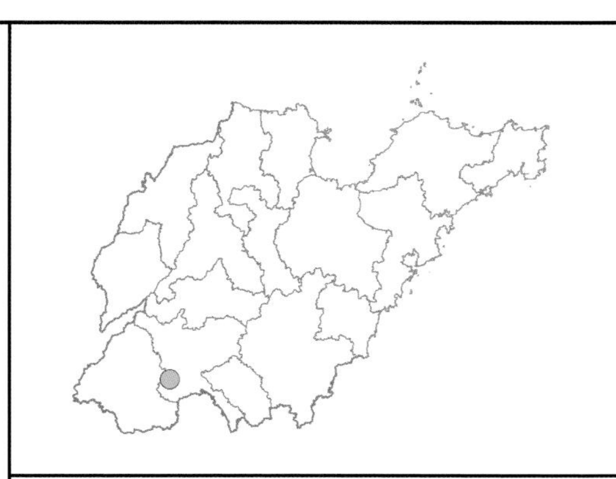

时　　间　2019 年 1 月
地　　点　山东省济宁市金乡县
地　　形　平原
类　　型　大蒜田（地膜）、冬小麦田

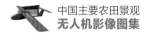

山东省济宁市金乡县农田景观

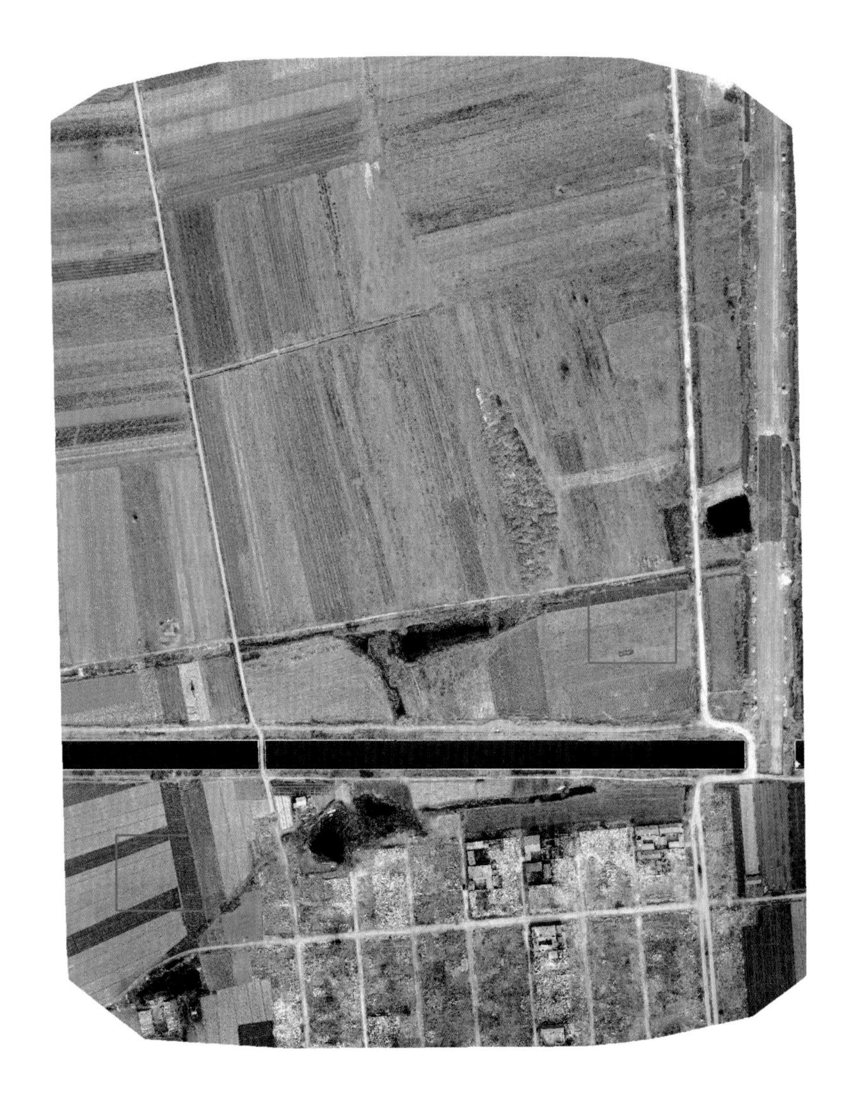

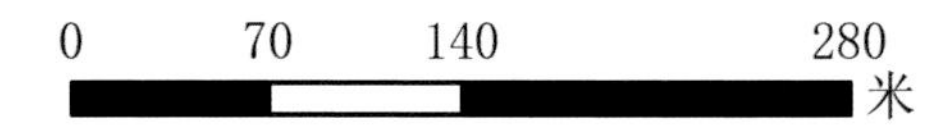

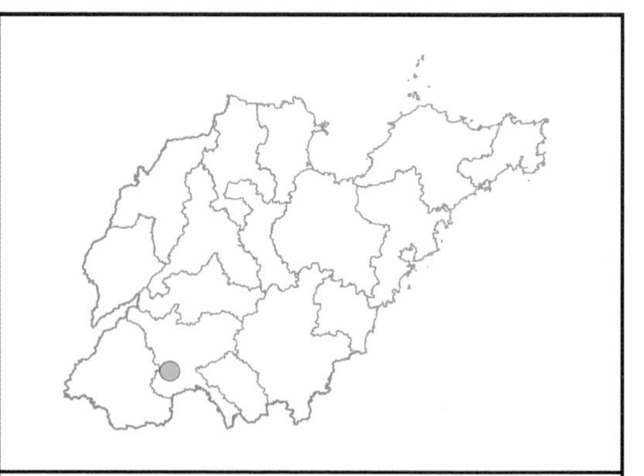

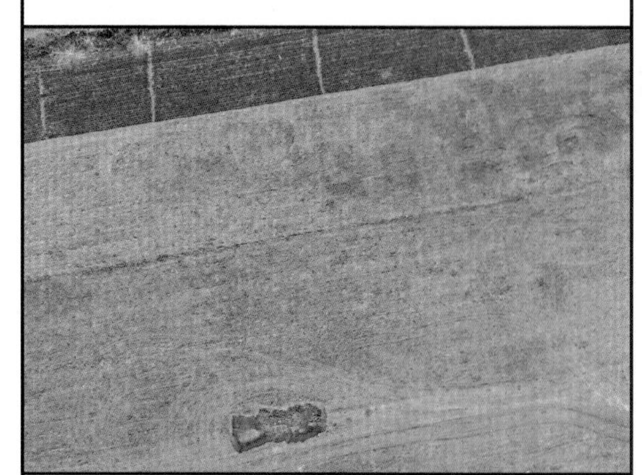

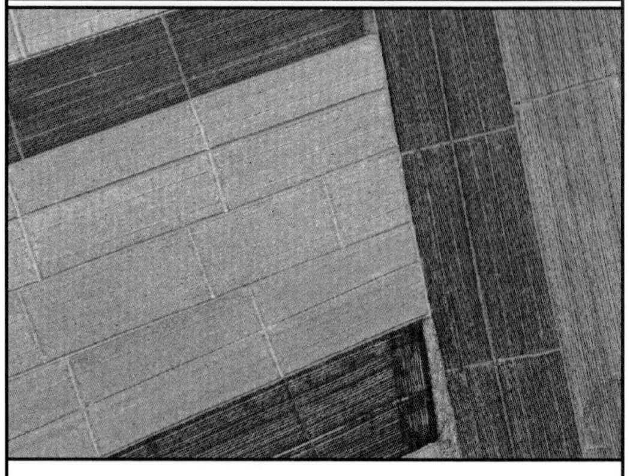

时　　间　2019年1月

地　　点　山东省济宁市金乡县

地　　形　平原

类　　型　大蒜田（地膜）、冬小麦田

河南省南阳市卧龙区农田景观

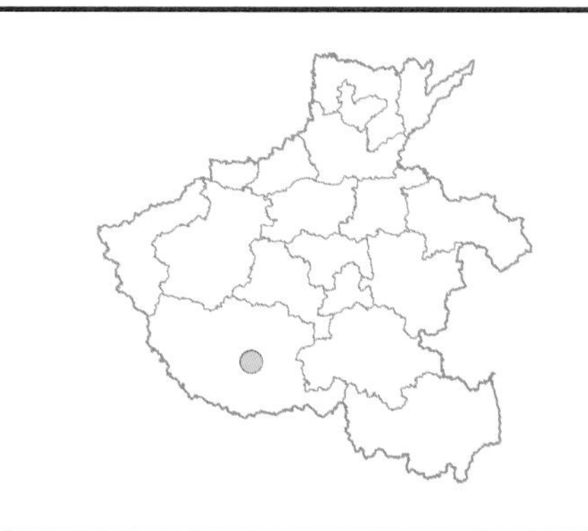

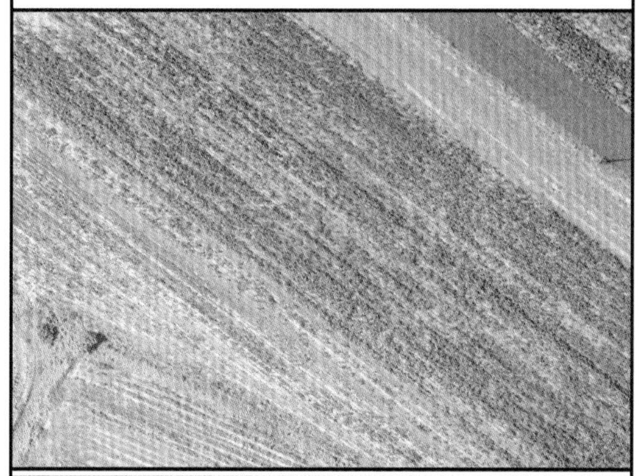

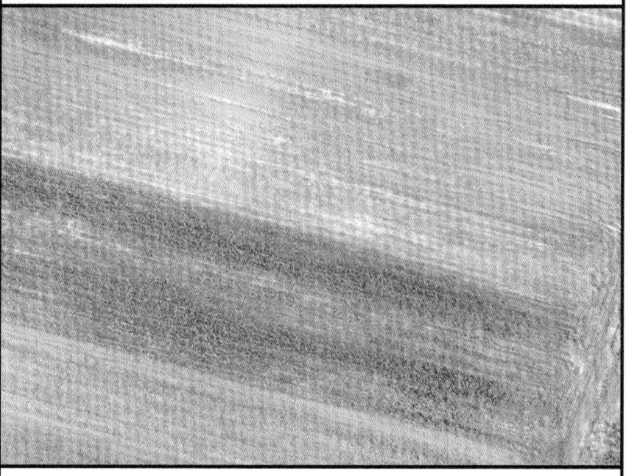

时　　间　2018年7月
地　　点　河南省南阳市卧龙区
地　　形　平原
类　　型　夏玉米田、大豆田、花生田

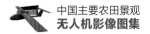

河南省南阳市唐河县农田景观

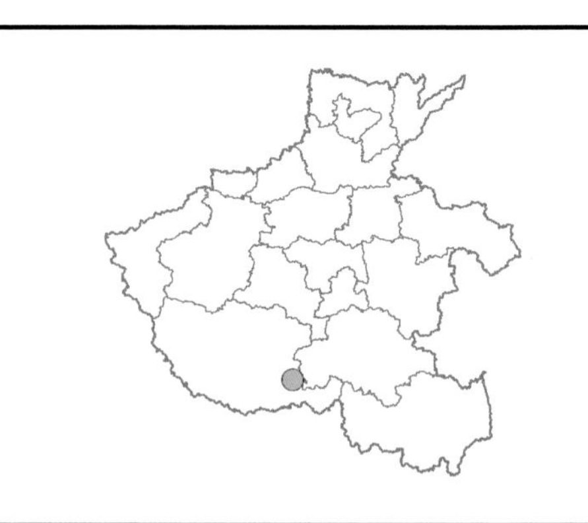

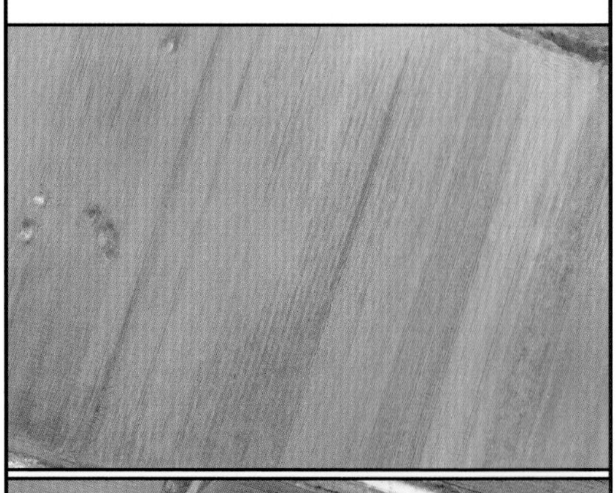

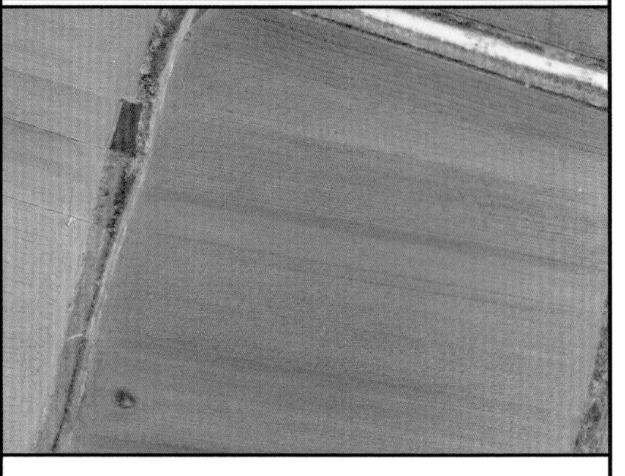

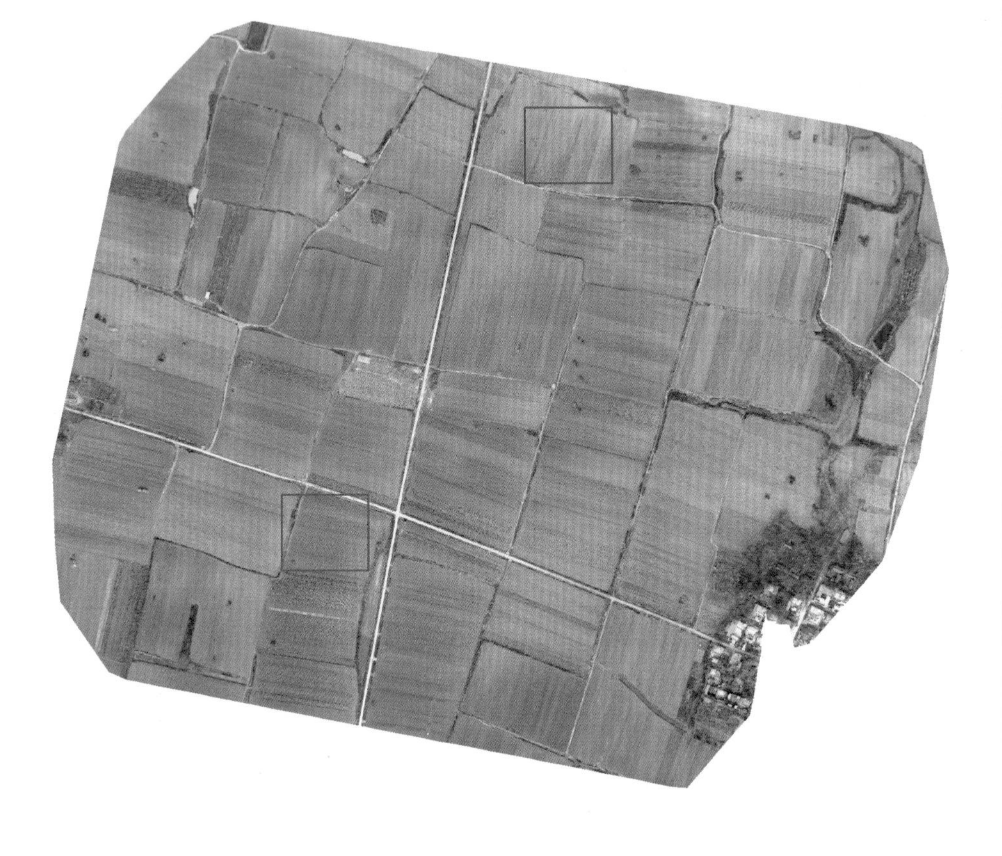

时　间　2017年11月
地　点　河南省南阳市唐河县
地　形　平原
类　型　冬小麦田

河南省驻马店市西平县农田景观

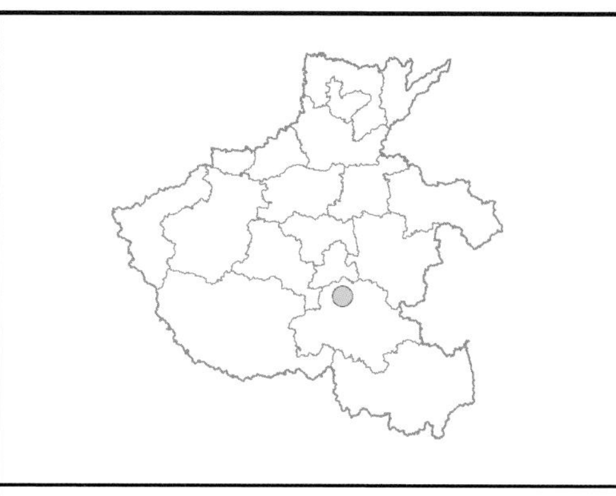

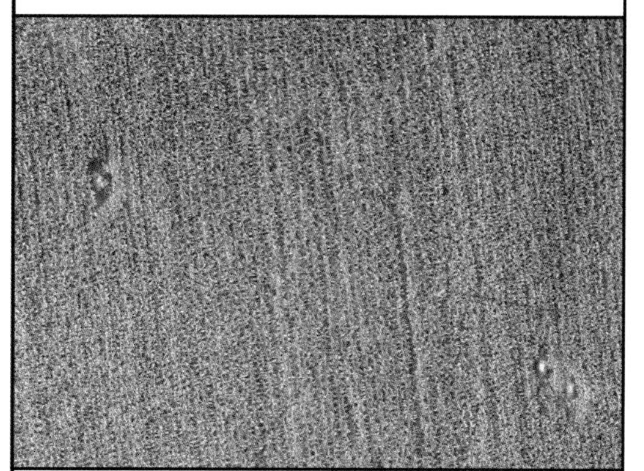

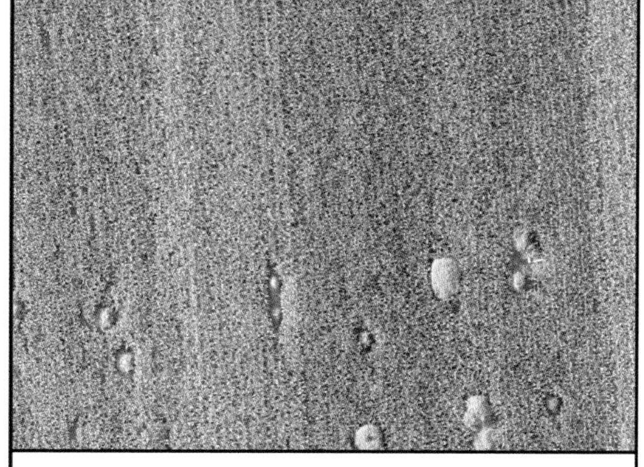

时　　间　2018 年 7 月

地　　点　河南省驻马店市西平县

地　　形　平原

类　　型　夏玉米田

河南省漯河市郾城区农田景观

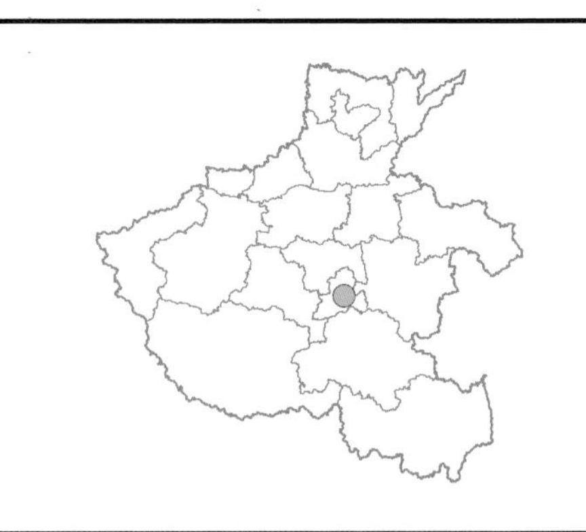

0 90 180 360 米

时　间　2018 年 7 月
地　点　河南省漯河市郾城区
地　形　平原
类　型　夏玉米田

河南省许昌市长葛市农田景观

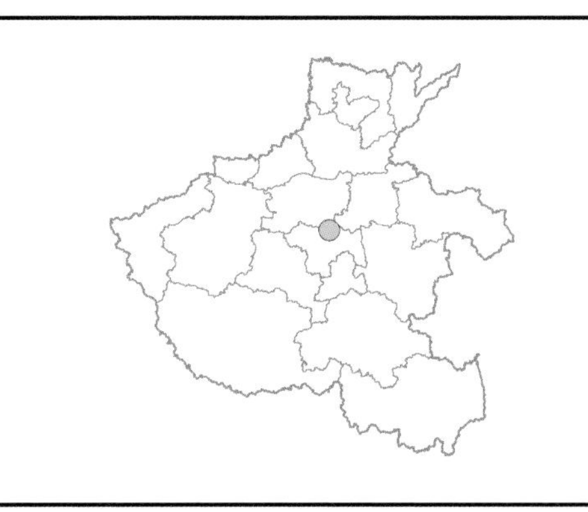

时　　间　2018 年 7 月

地　　点　河南省许昌市长葛市

地　　形　平原

类　　型　夏玉米田

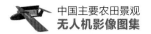

河南省许昌市建安区农田景观

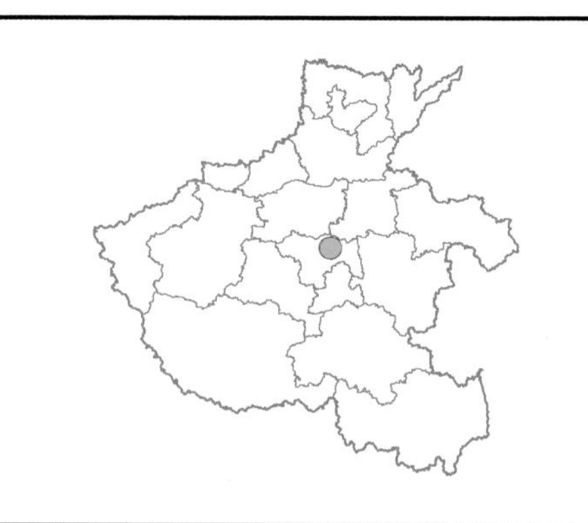

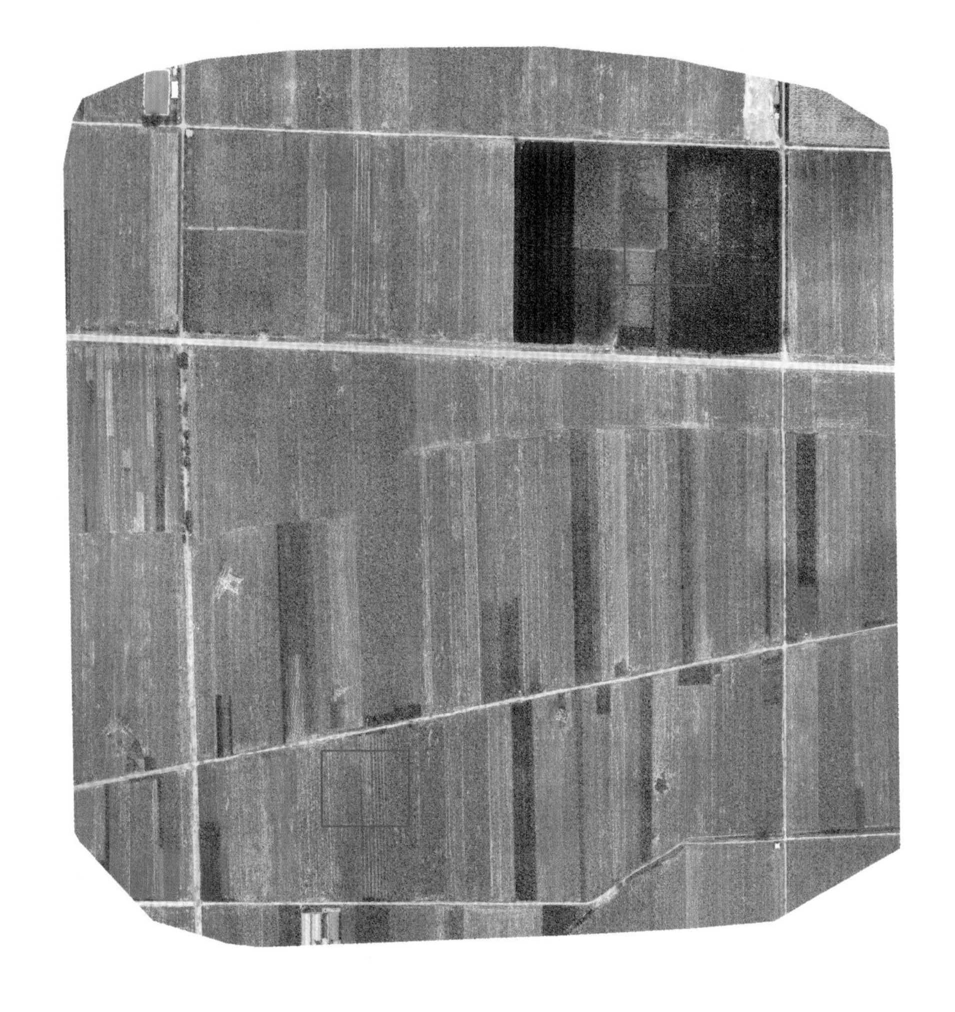

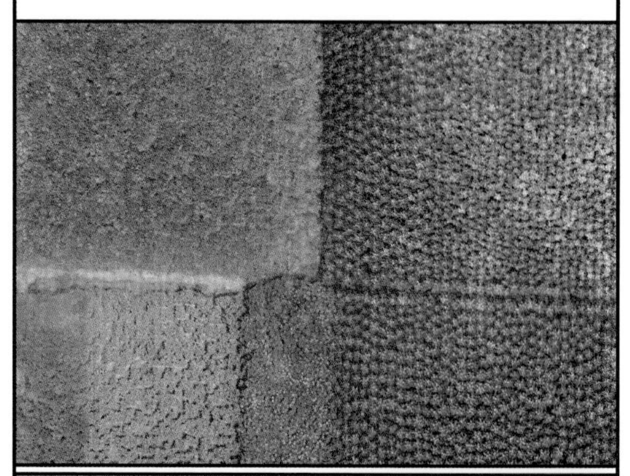

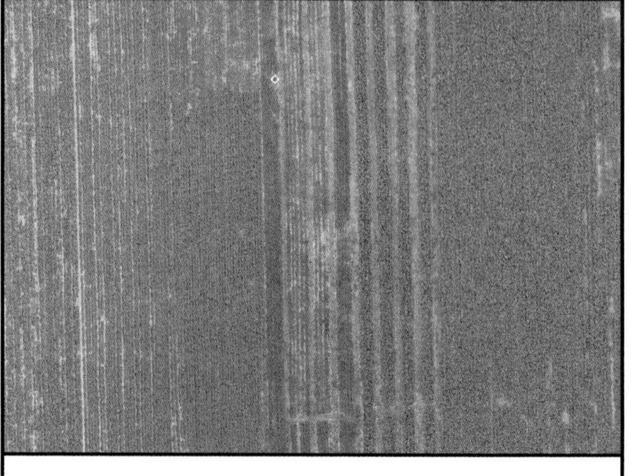

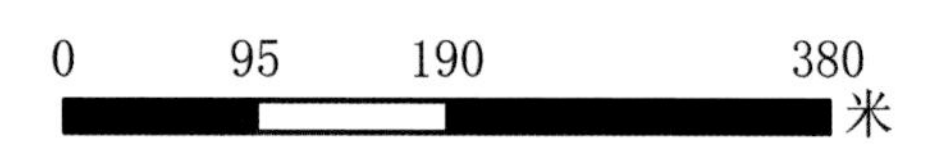

时　　间	2018 年 7 月
地　　点	河南省许昌市建安区
地　　形	平原
类　　型	夏玉米田、大豆田、花生田

河南省商丘市永城市农田景观

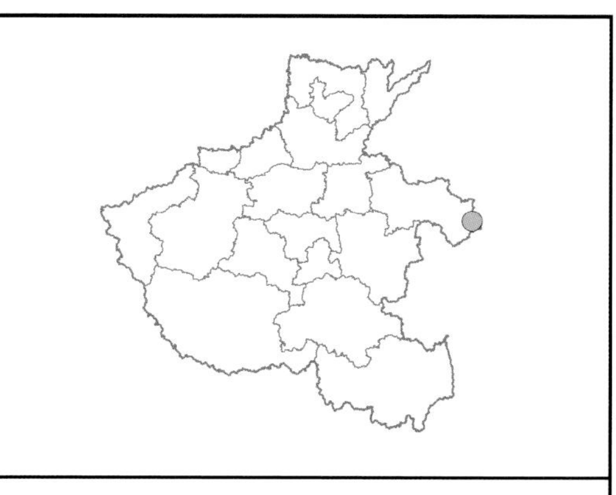

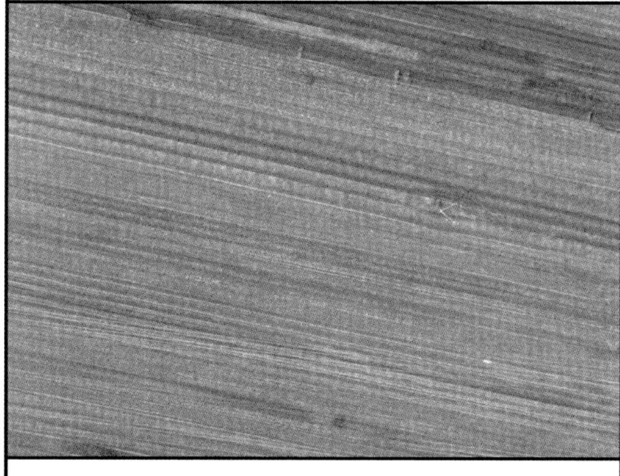

时　　间　2017 年 11 月
地　　点　河南省商丘市永城市
地　　形　平原
类　　型　冬小麦田

东北篇

东北地区包括辽宁省、吉林省、黑龙江省，主要种植玉米、大豆、水稻等作物，本区地块面积大，土地平整，适合大型机械化种植，共收集影像 15 景。

东 北		
辽宁	吉林	黑龙江
	15	

吉林省长春市农安县农田景观

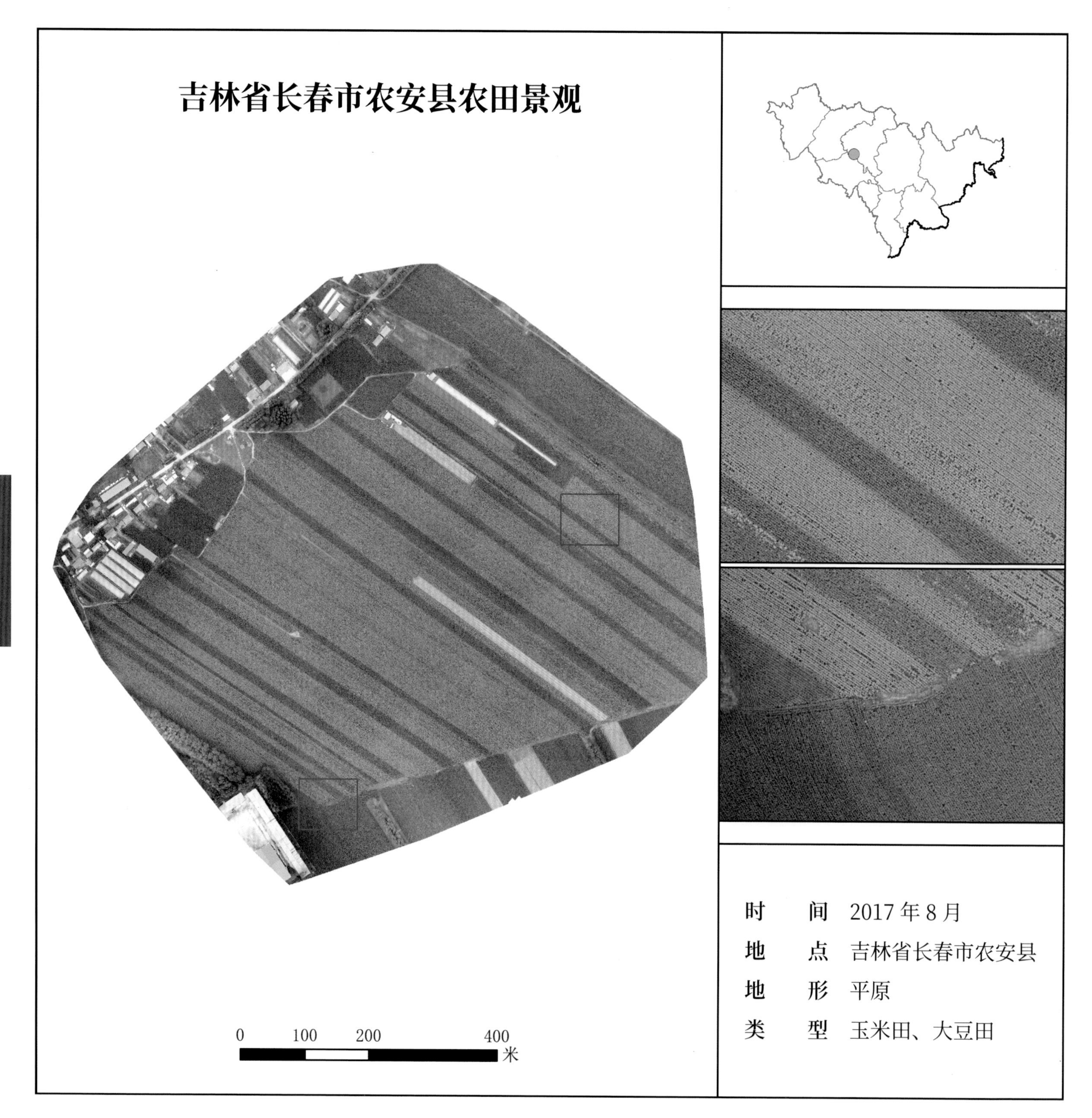

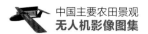

时　　间　2017年8月
地　　点　吉林省长春市农安县
地　　形　平原
类　　型　玉米田、大豆田

吉林省长春市农安县农田景观

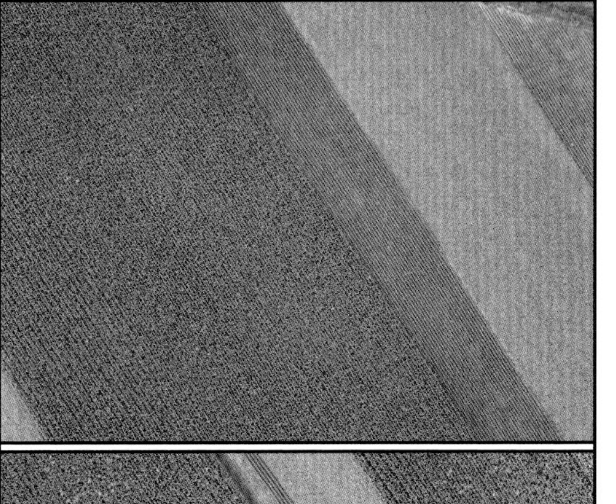

0 120 240 480 米

时　　间　2017年8月

地　　点　吉林省长春市农安县

地　　形　平原

类　　型　玉米田、大豆田

吉林省长春市农安县农田景观

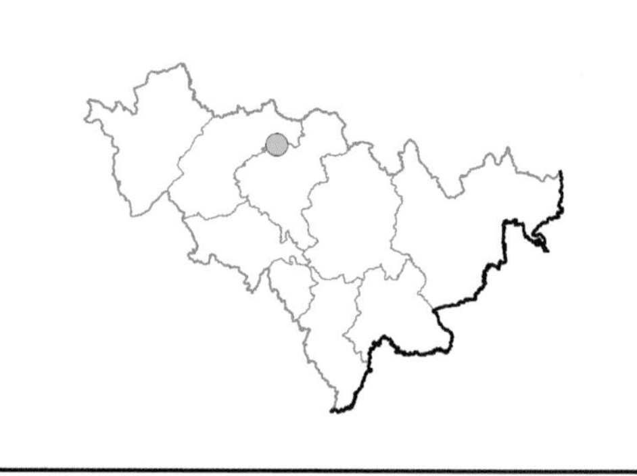

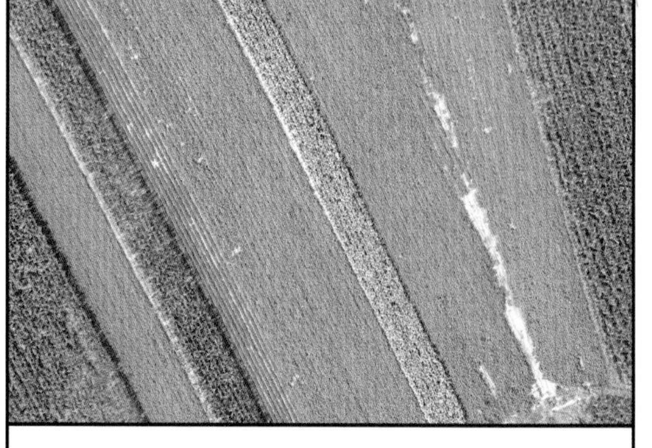

时　　间　2017 年 8 月

地　　点　吉林省长春市农安县

地　　形　平原

类　　型　玉米田、大豆田

吉林省长春市农安县农田景观

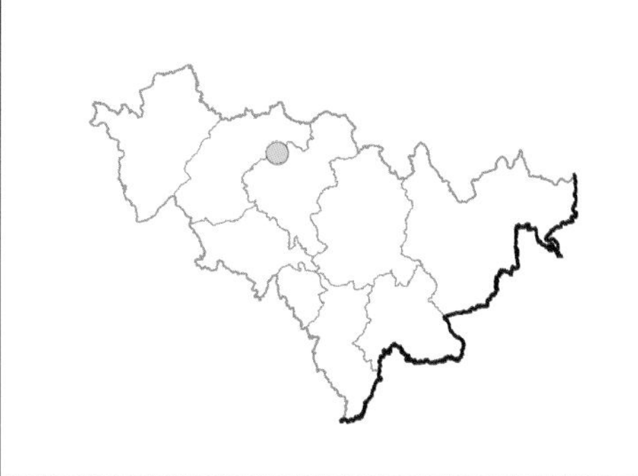

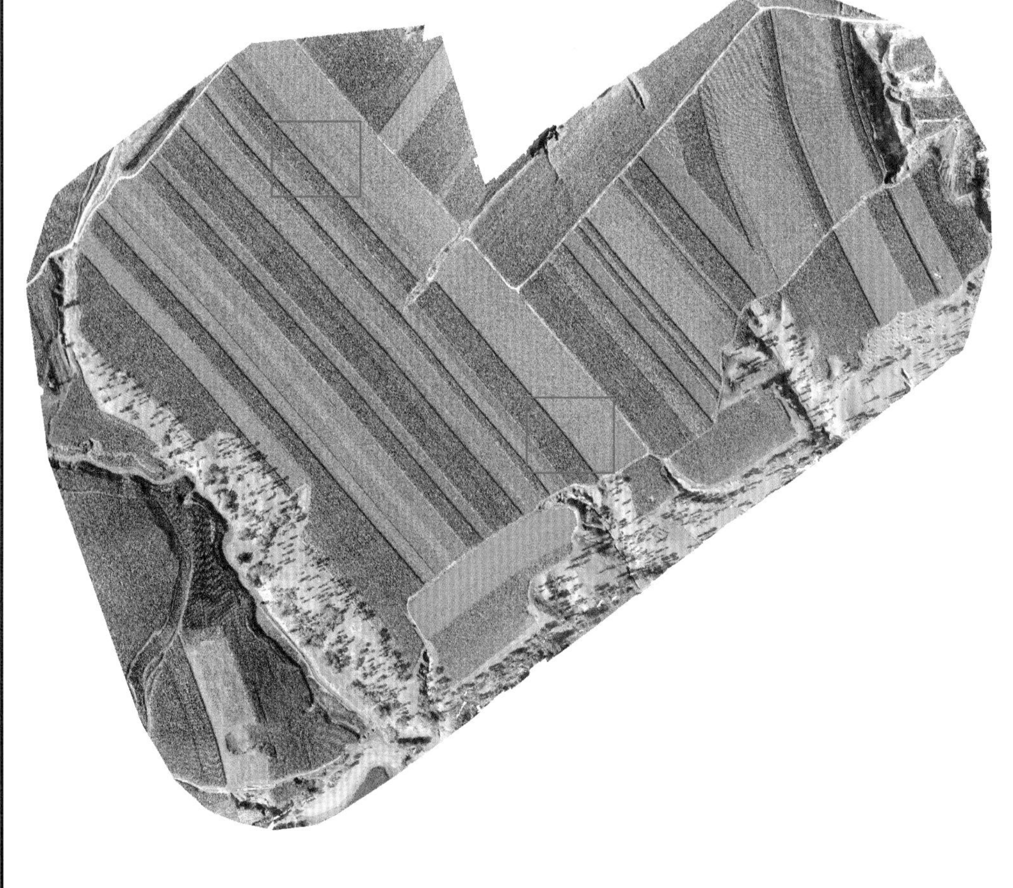

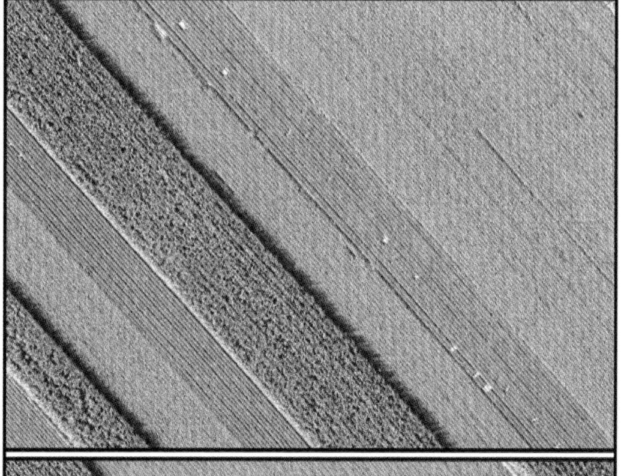

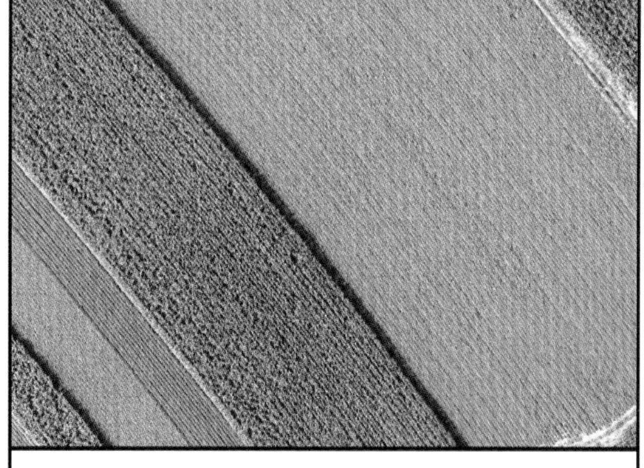

时　　间　2017 年 8 月

地　　点　吉林省长春市农安县

地　　形　平原

类　　型　玉米田、大豆田

吉林省长春市农安县农田景观

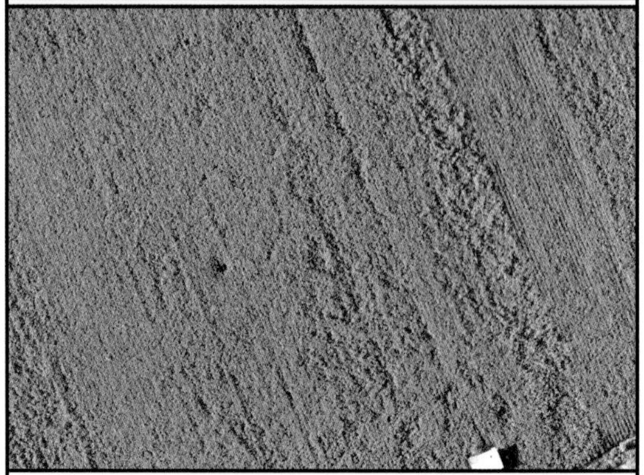

0　　95　　190　　380
米

吉林省

时　　间　2017 年 8 月

地　　点　吉林省长春市农安县

地　　形　平原

类　　型　玉米田、大豆田

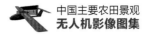

吉林省长春市农安县农田景观

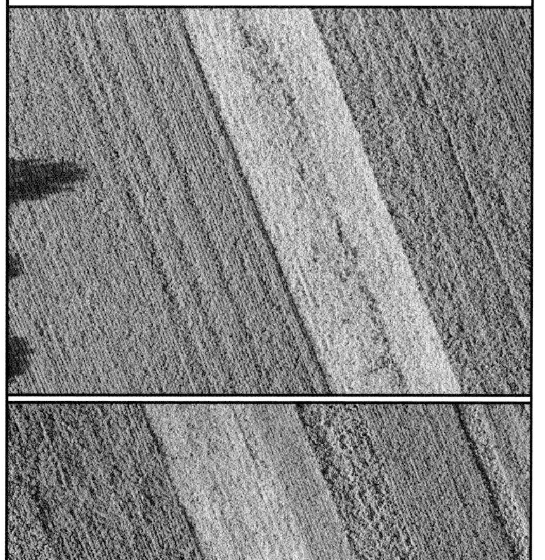

时　　间　2017 年 8 月

地　　点　吉林省长春市农安县

地　　形　平原

类　　型　玉米田、向日葵田

吉林省长春市农安县农田景观

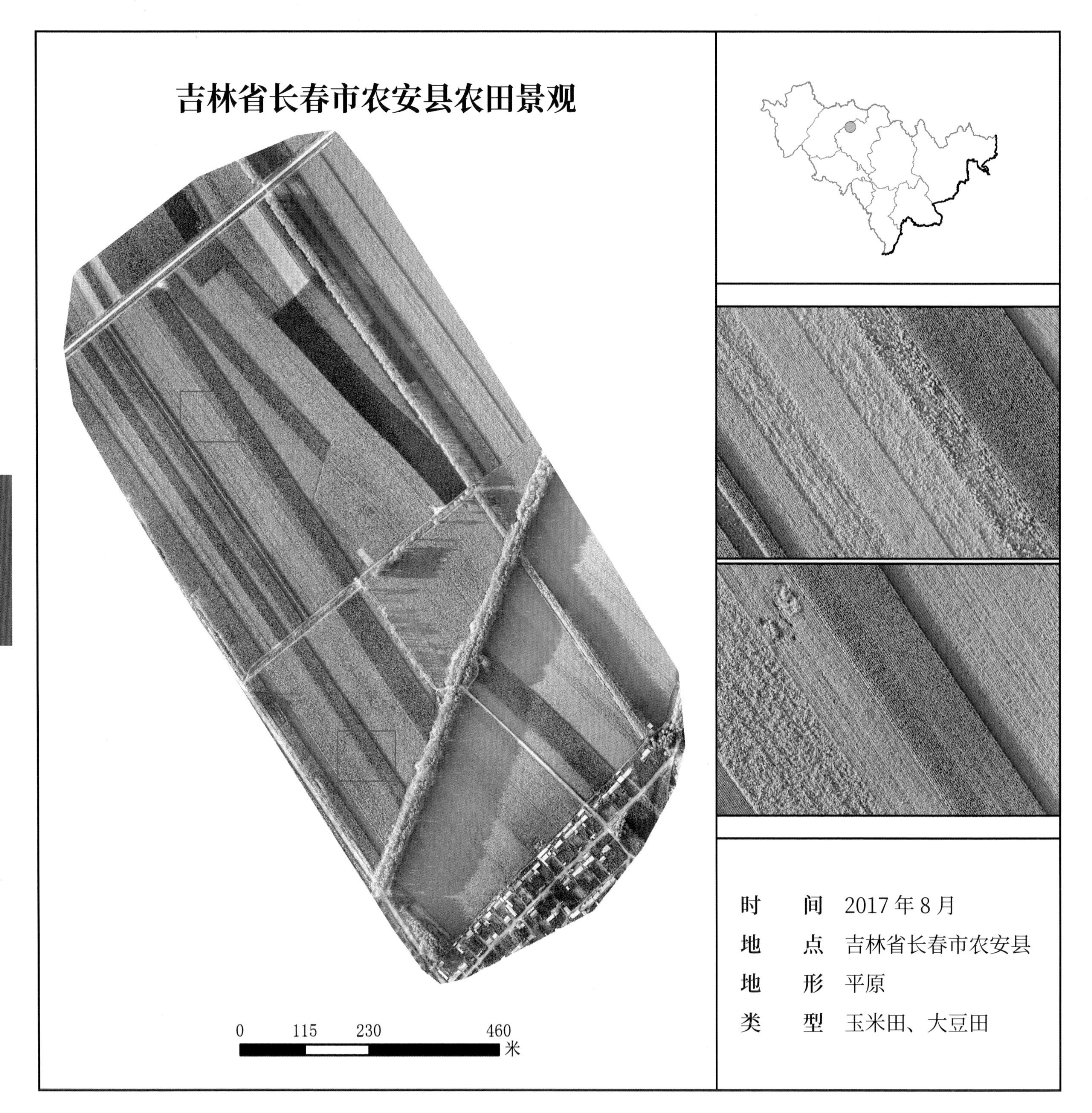

时　　间	2017 年 8 月
地　　点	吉林省长春市农安县
地　　形	平原
类　　型	玉米田、大豆田

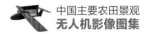

吉林省长春市农安县农田景观

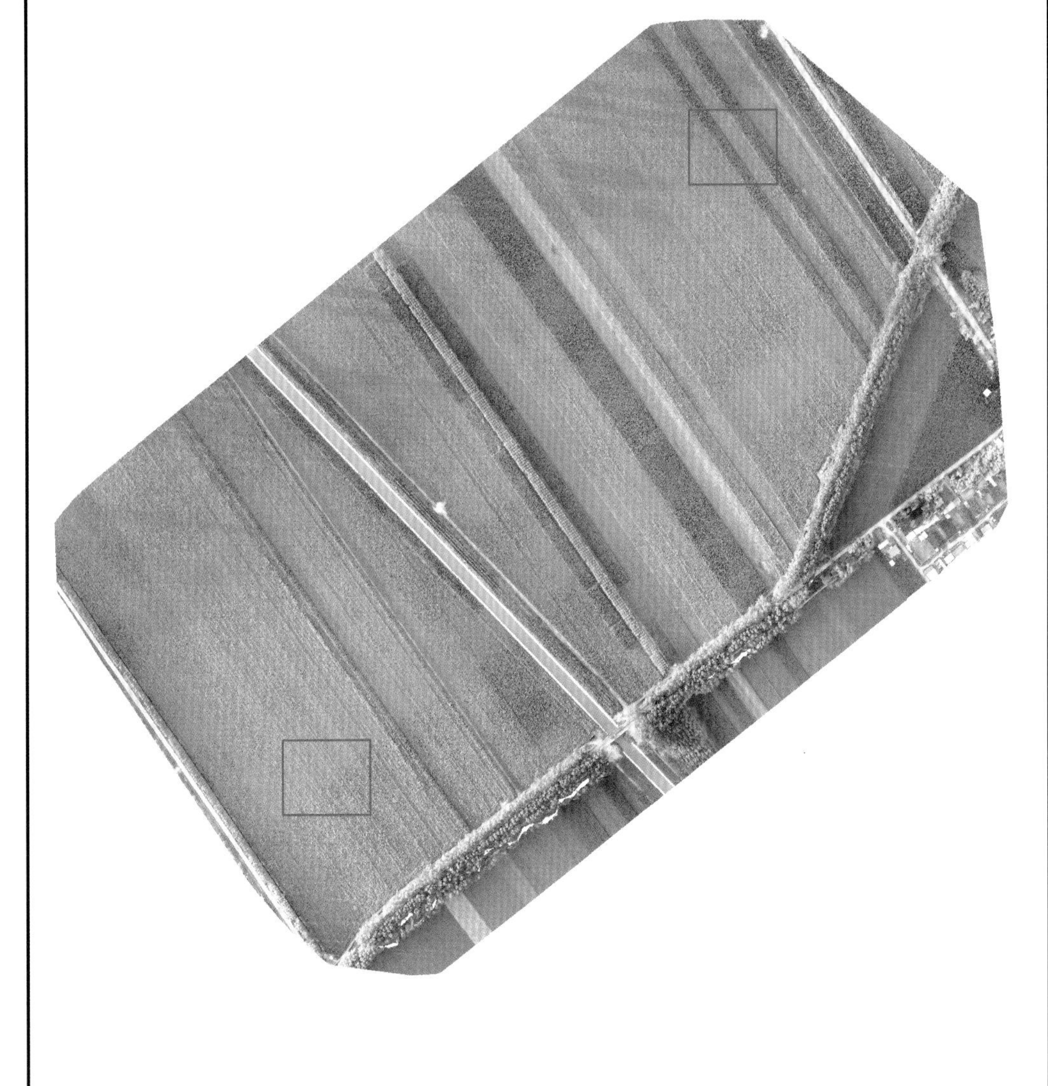

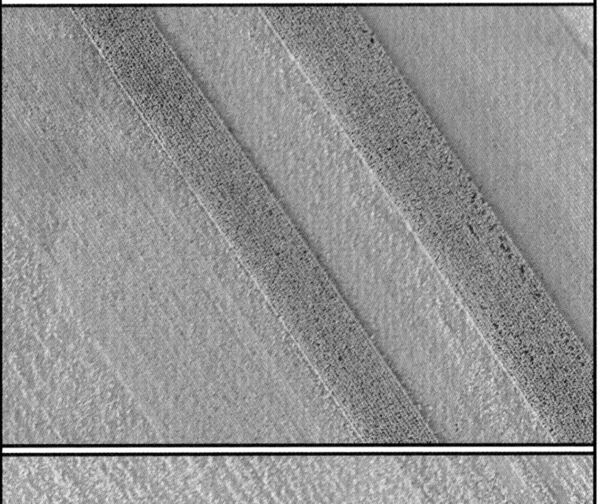

时　　间　2017 年 8 月

地　　点　吉林省长春市农安县

地　　形　平原

类　　型　玉米田、大豆田

吉林省长春市农安县农田景观

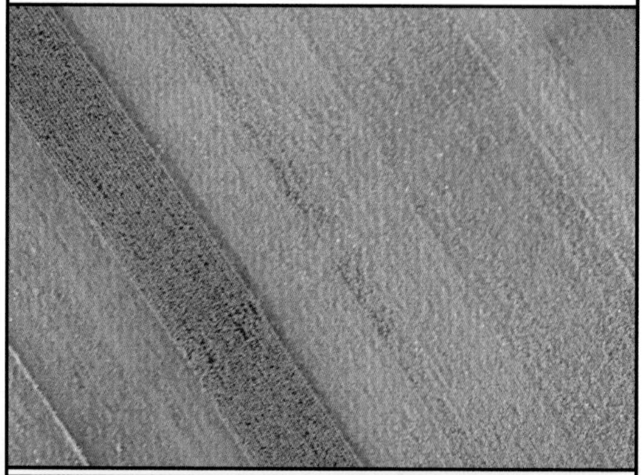

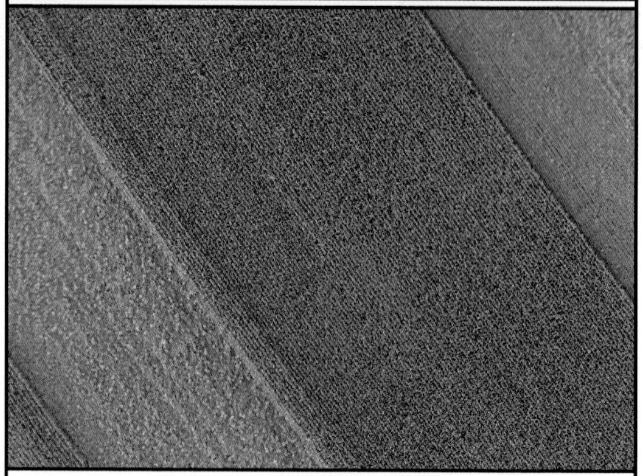

时　　间　2017 年 8 月

地　　点　吉林省长春市农安县

地　　形　平原

类　　型　玉米田、大豆田

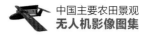

吉林省长春市农安县农田景观

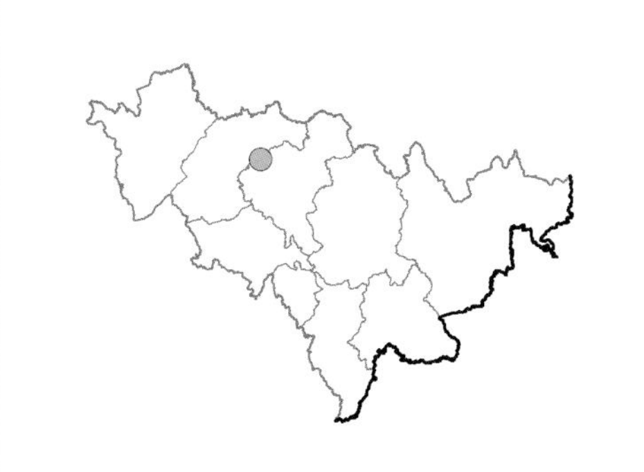

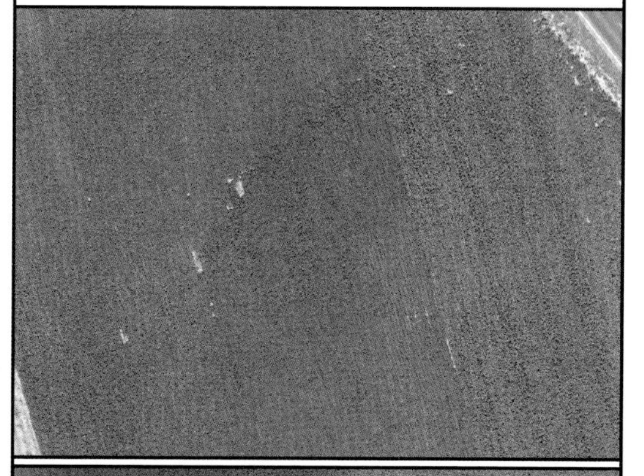

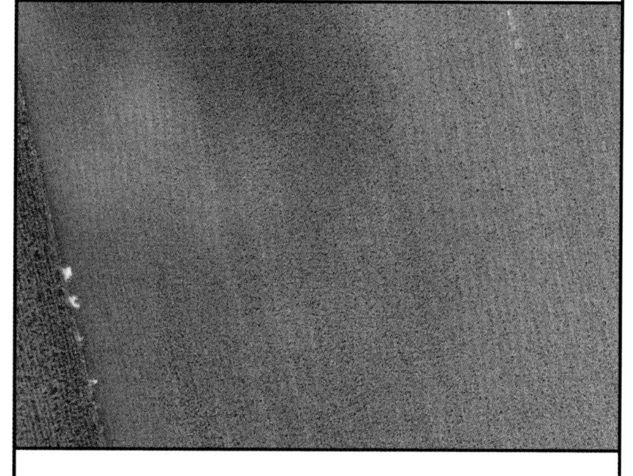

时　　间　2017 年 8 月

地　　点　吉林省长春市农安县

地　　形　平原

类　　型　玉米田、大豆田

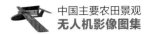

吉林省长春市农安县农田景观
0
110
220
440
米
时　间　2017年8月
地　点　吉林省长春市农安县
地　形　平原
类　型　玉米田、大豆田、水稻田

吉林省长春市农安县农田景观

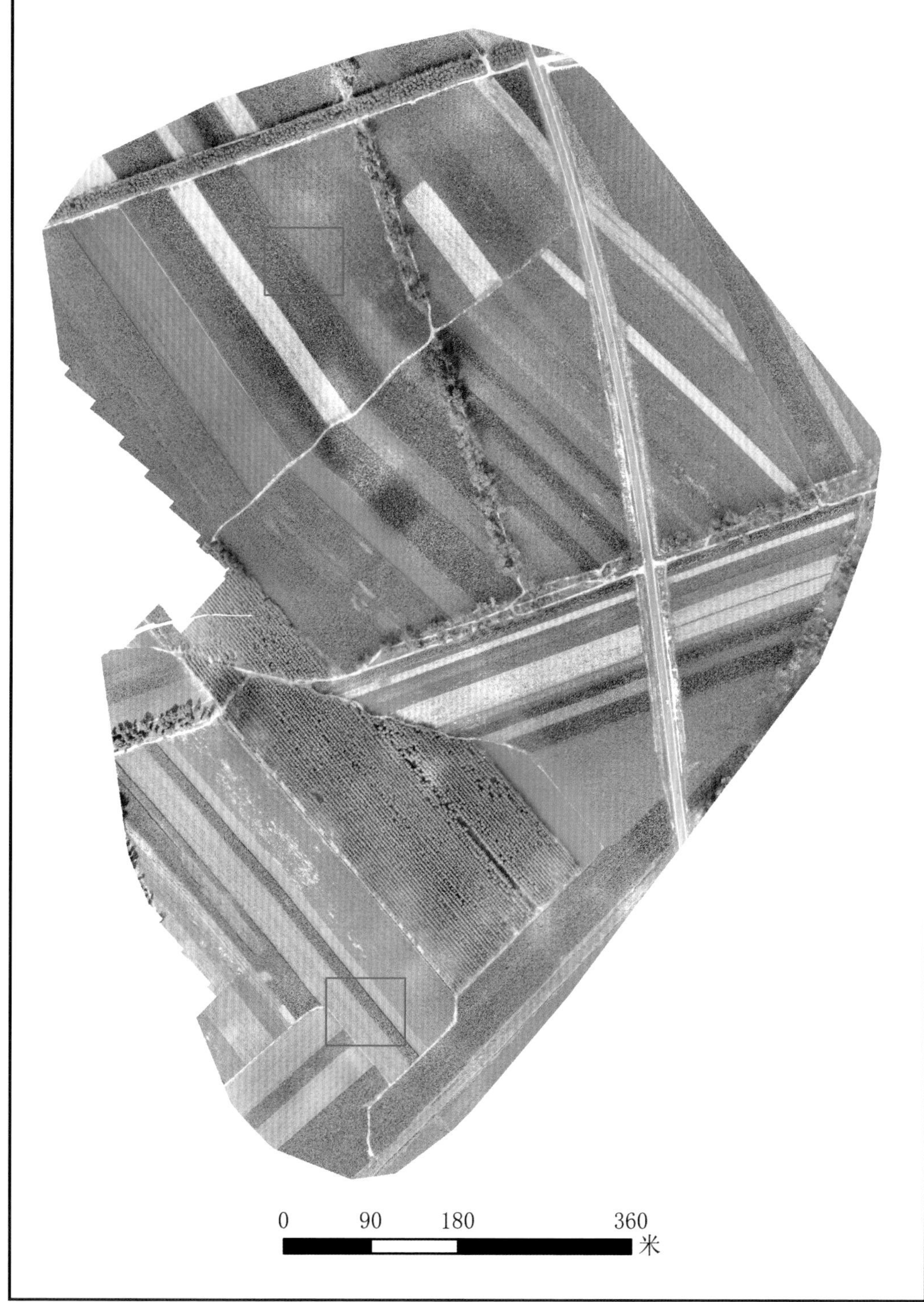

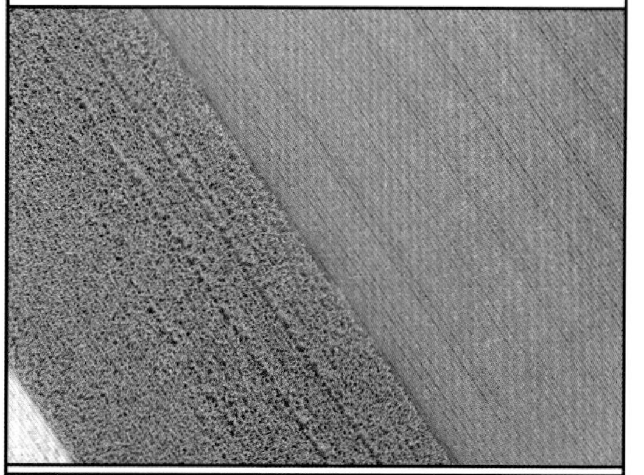

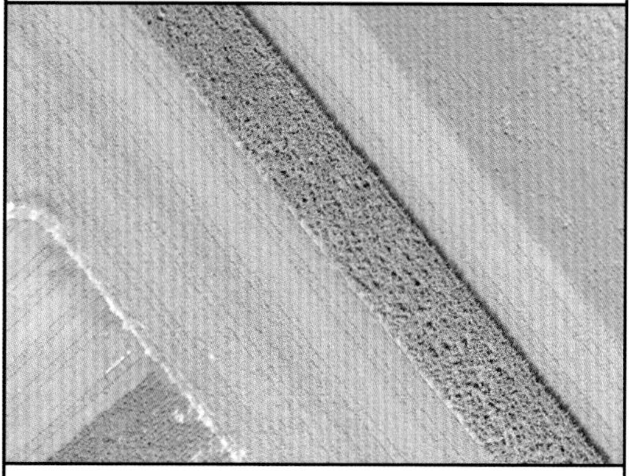

时　间　2017年8月

地　点　吉林省长春市农安县

地　形　平原

类　型　玉米田、大豆田、花生田

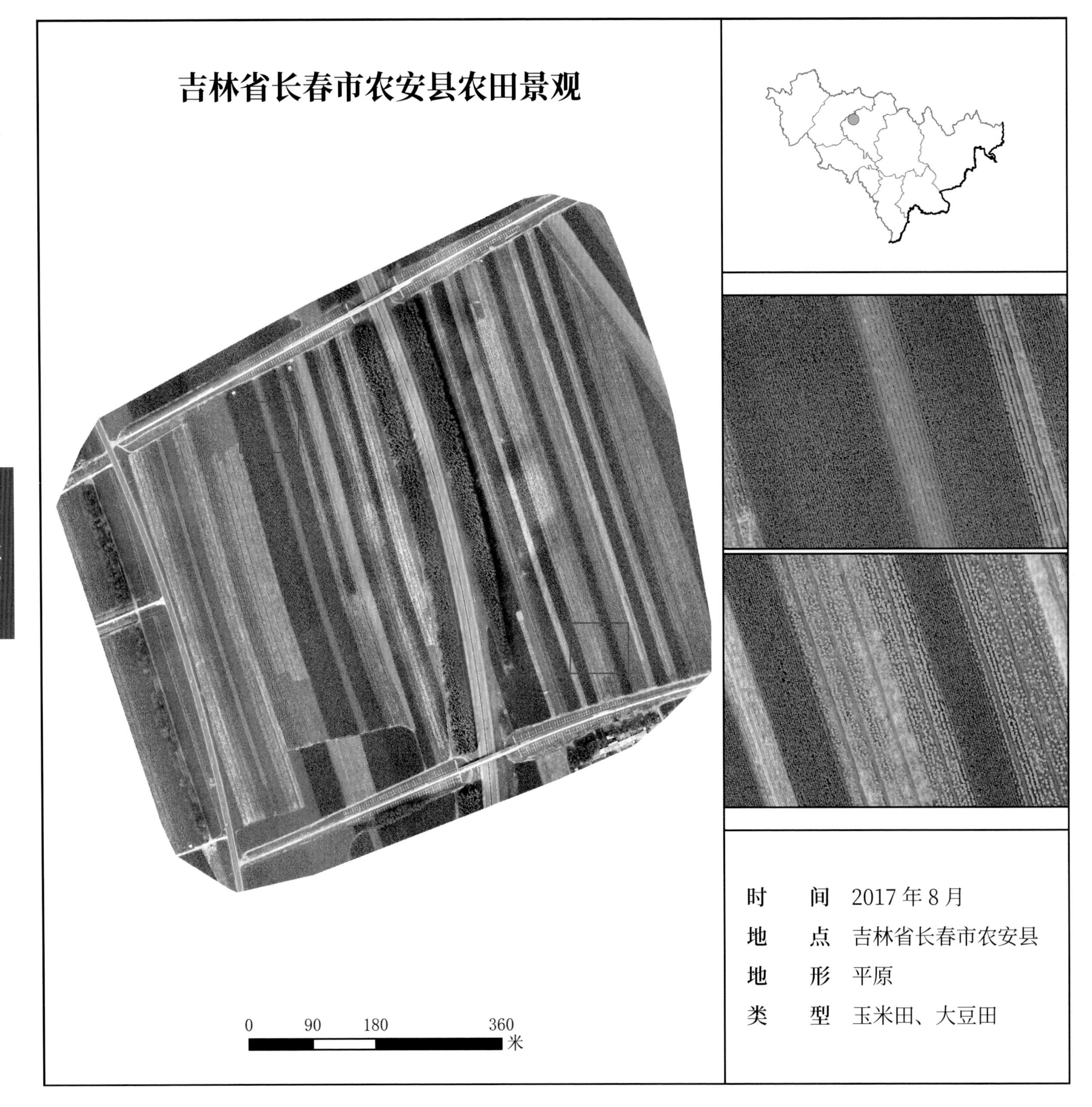

吉林省长春市农安县农田景观
0
90
180
360
米
时 间 2017年8月
地 点 吉林省长春市农安县
地 形 平原
类 型 玉米田、大豆田

吉林省长春市农安县农田景观

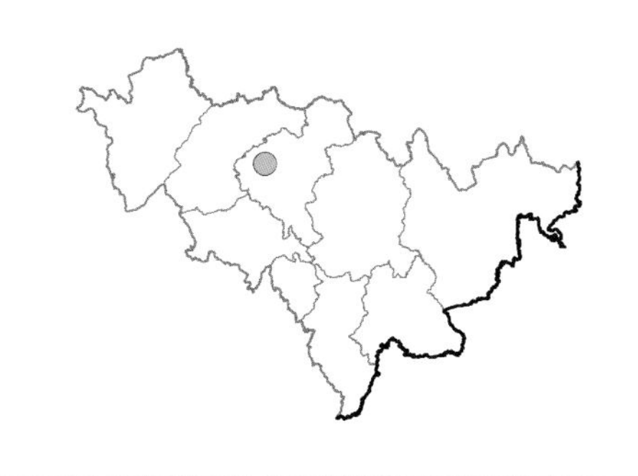

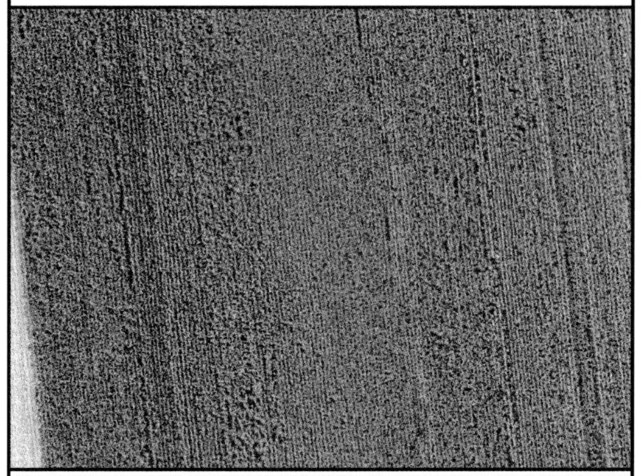

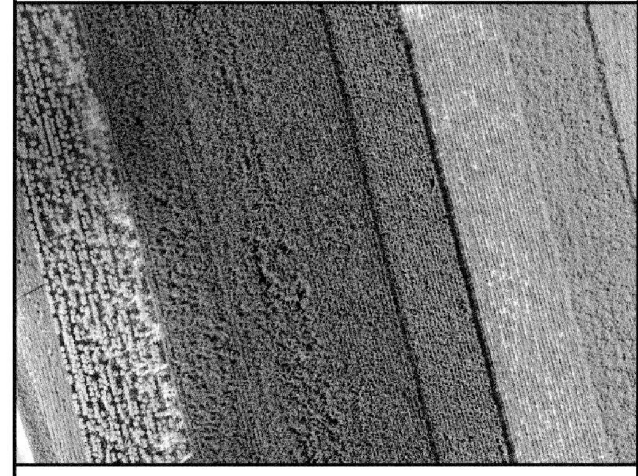

时　间　2017 年 8 月
地　点　吉林省长春市农安县
地　形　平原
类　型　玉米田、大豆田

吉林省

吉林省长春市宽城区农田景观

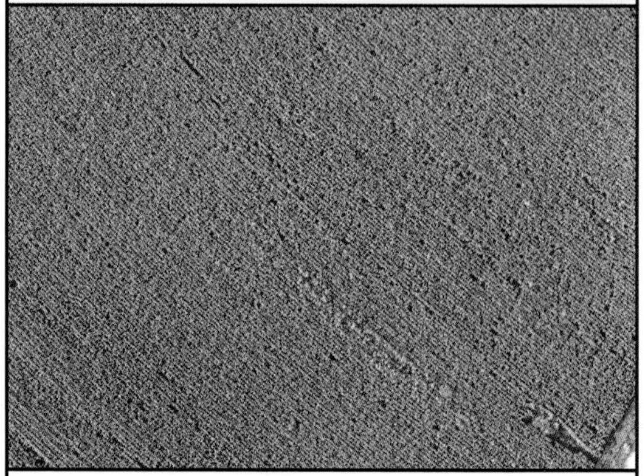

0 115 230 460
米

时　间　2017年8月

地　点　吉林省长春市宽城区

地　形　平原

类　型　玉米田

华东篇

华东地区包括上海市、江苏省、浙江省、安徽省，主要种植玉米、大豆、小麦、油菜等作物，本区垄畦沟规则分布，地块较小，易于种植，收集影像 8 景。

华　东			
上海	江苏	浙江	安徽
		2	6

浙江省

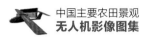

浙江省嘉兴市海盐县农田景观

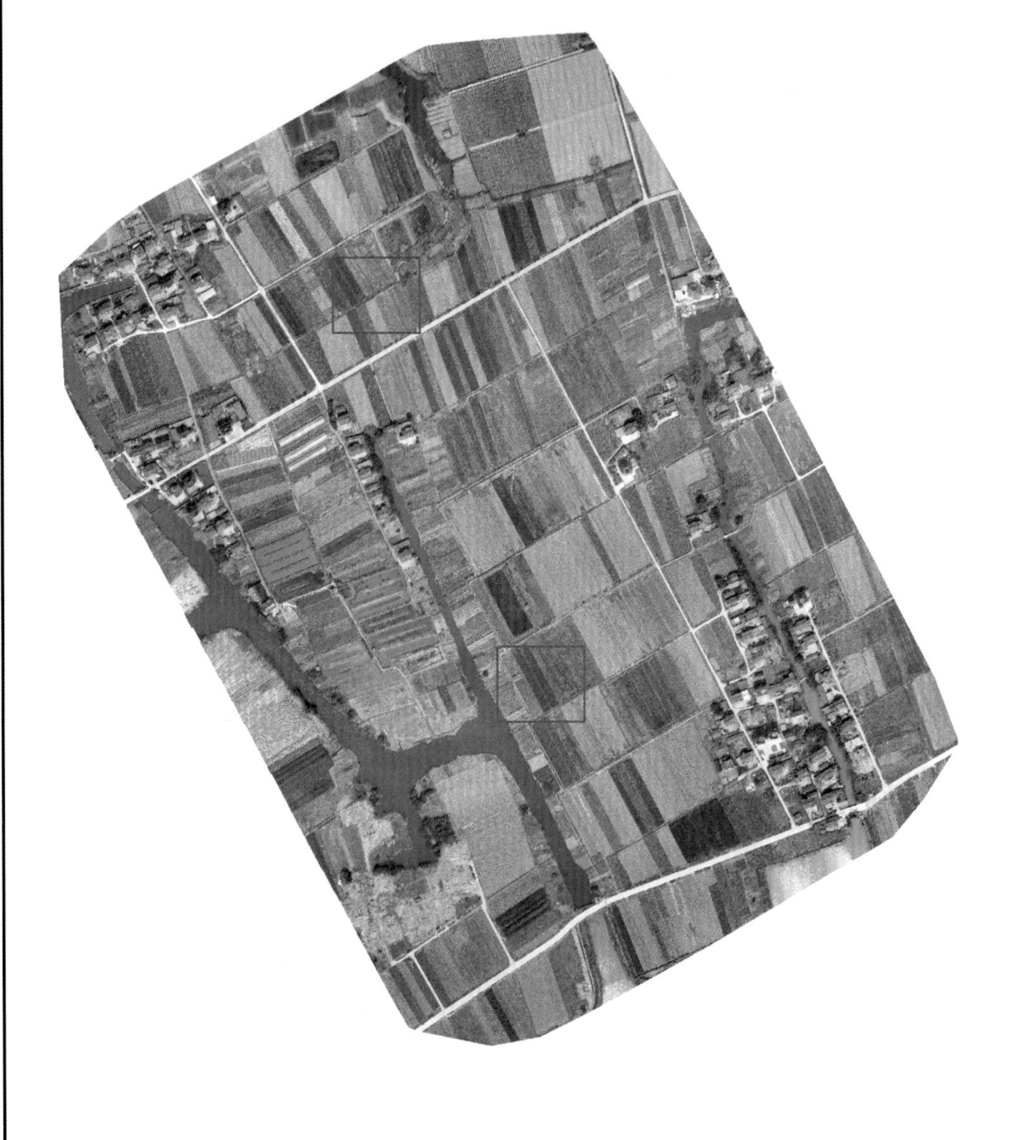

时　　间	2019 年 3 月
地　　点	浙江省嘉兴市海盐县
地　　形	平原
类　　型	小麦田、油菜田、蔬菜田

浙江省宁波市余姚市农田景观

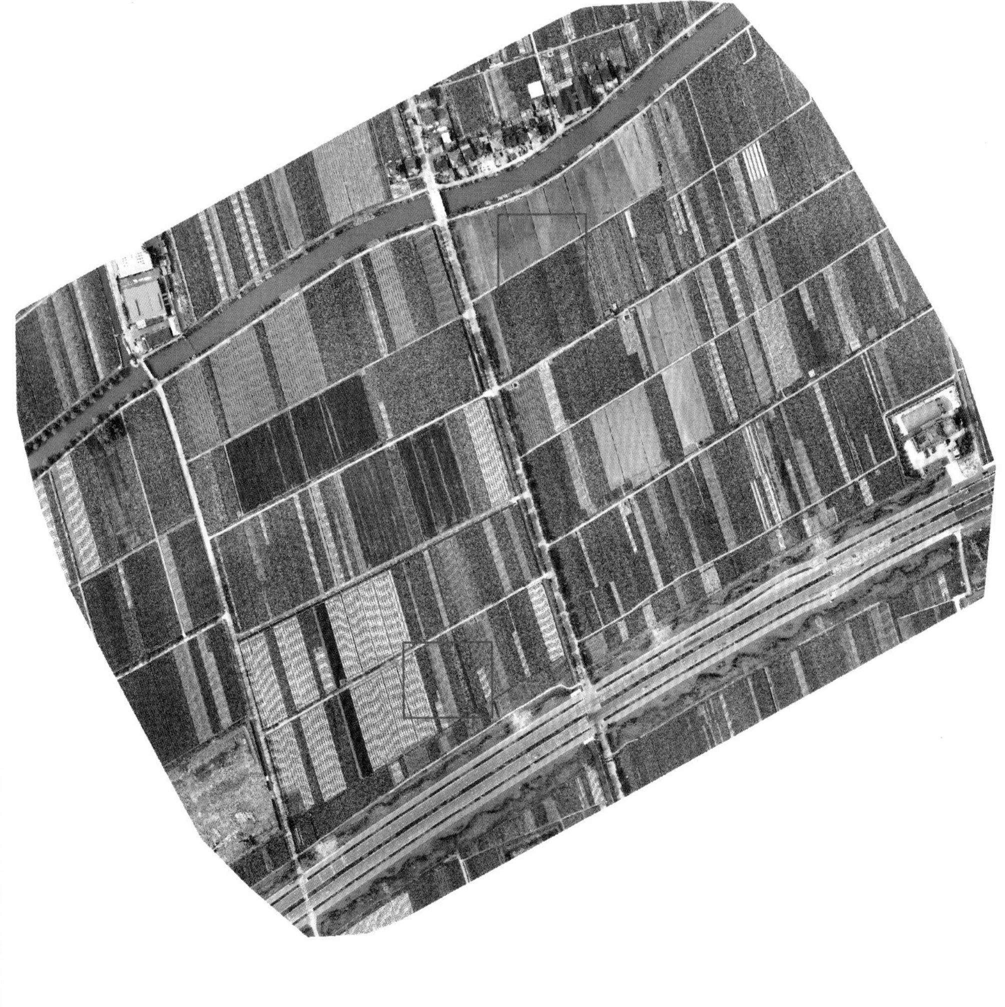

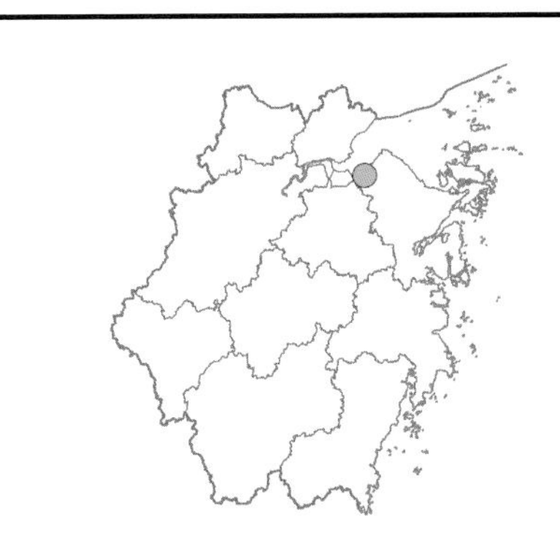

时　　间　2019 年 3 月

地　　点　浙江省宁波市余姚市

地　　形　平原

类　　型　榨菜田、小麦田、大豆田（地膜）

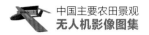

安徽省亳州市谯城区农田景观

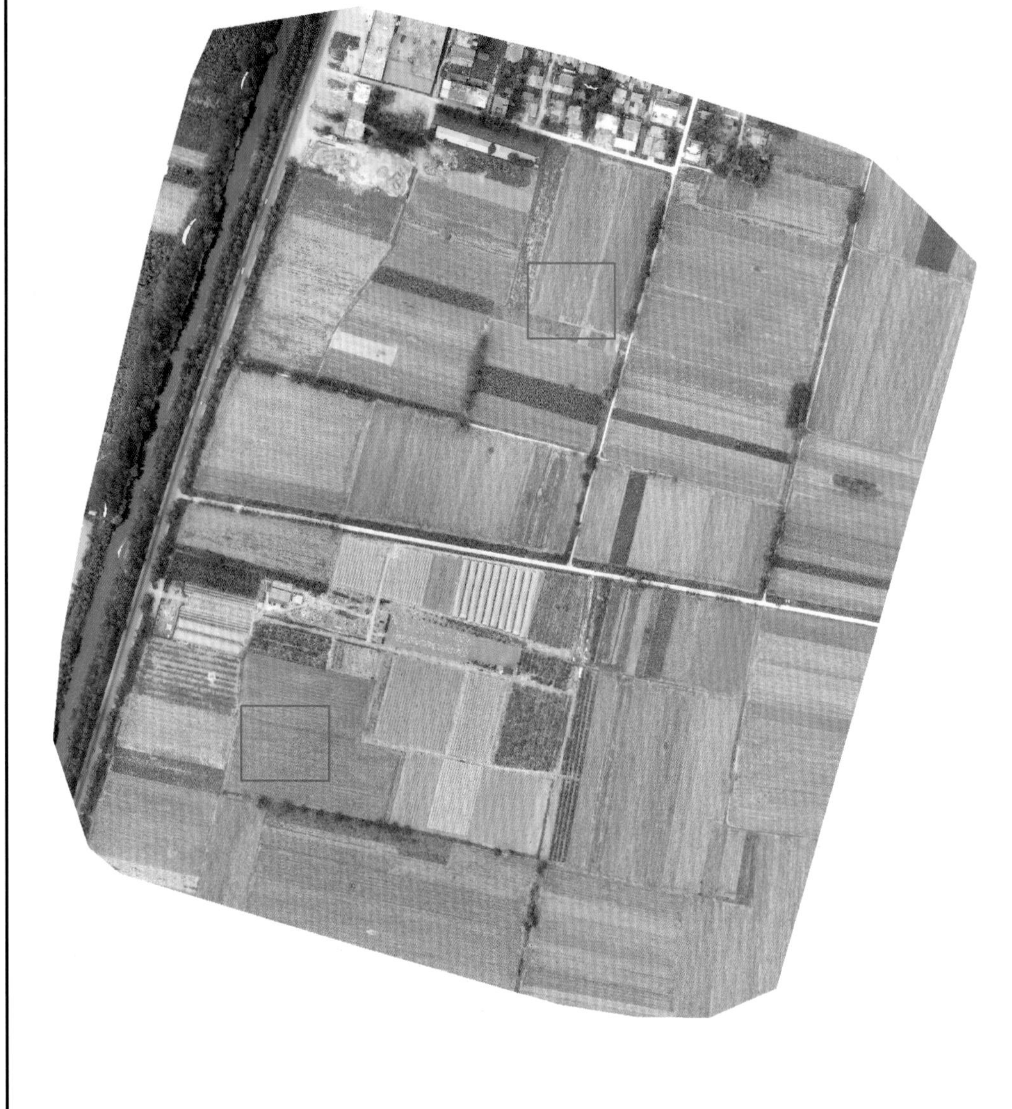

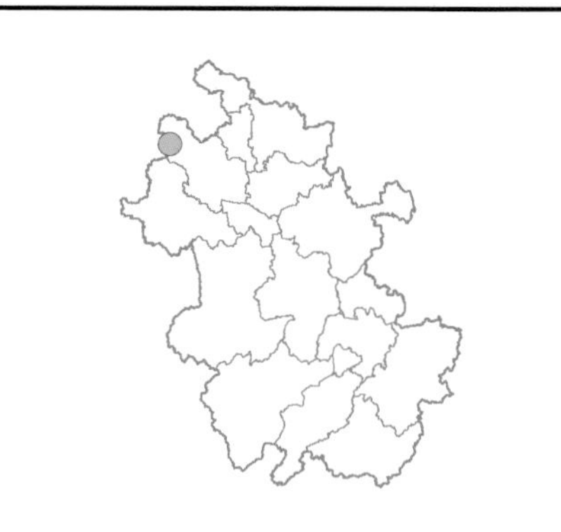

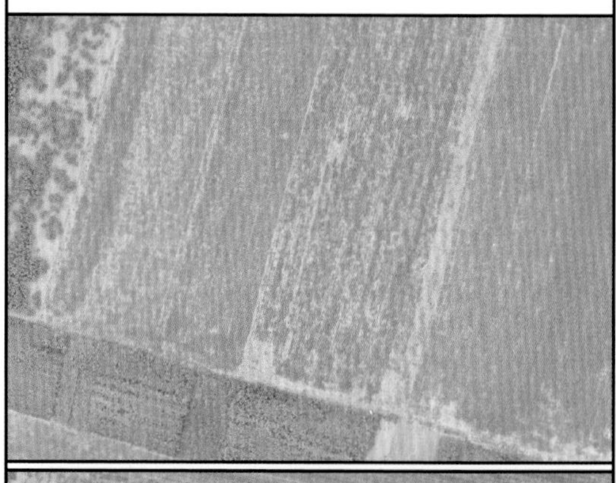

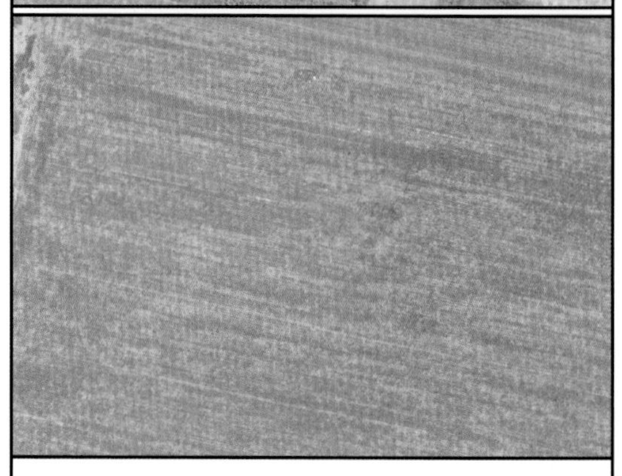

时　间　2018 年 7 月
地　点　安徽省亳州市谯城区
地　形　平原
类　型　大豆田、玉米田

安徽省亳州市蒙城县农田景观

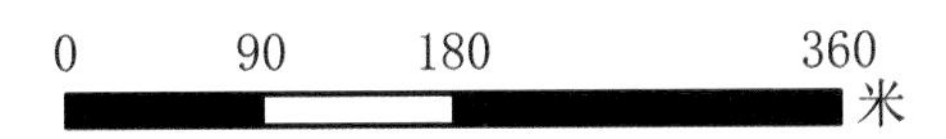

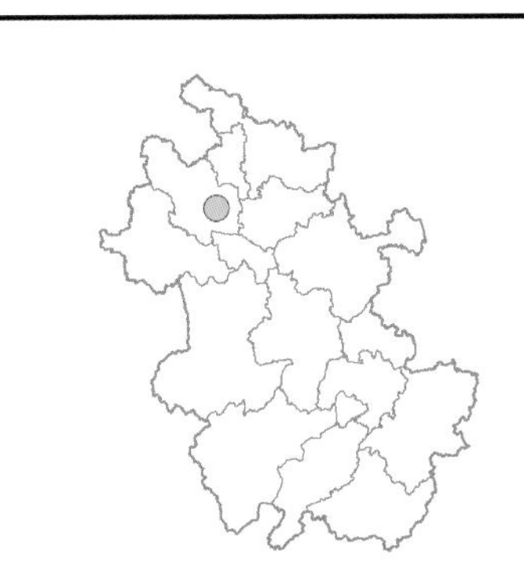

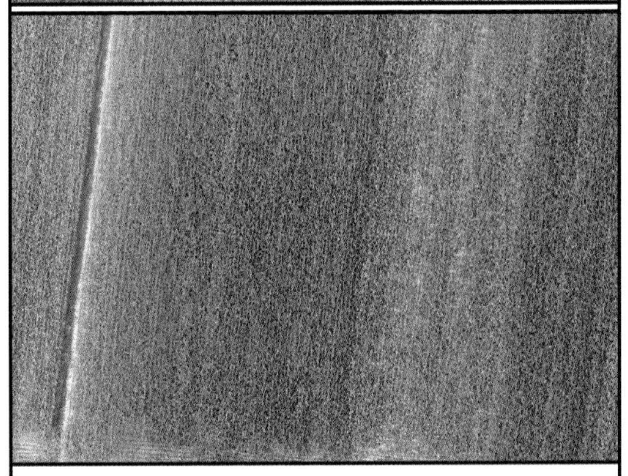

时　　间　2018 年 7 月
地　　点　安徽省亳州市蒙城县
地　　形　平原
类　　型　玉米田、大豆田

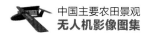

安徽省宿州市灵璧县农田景观

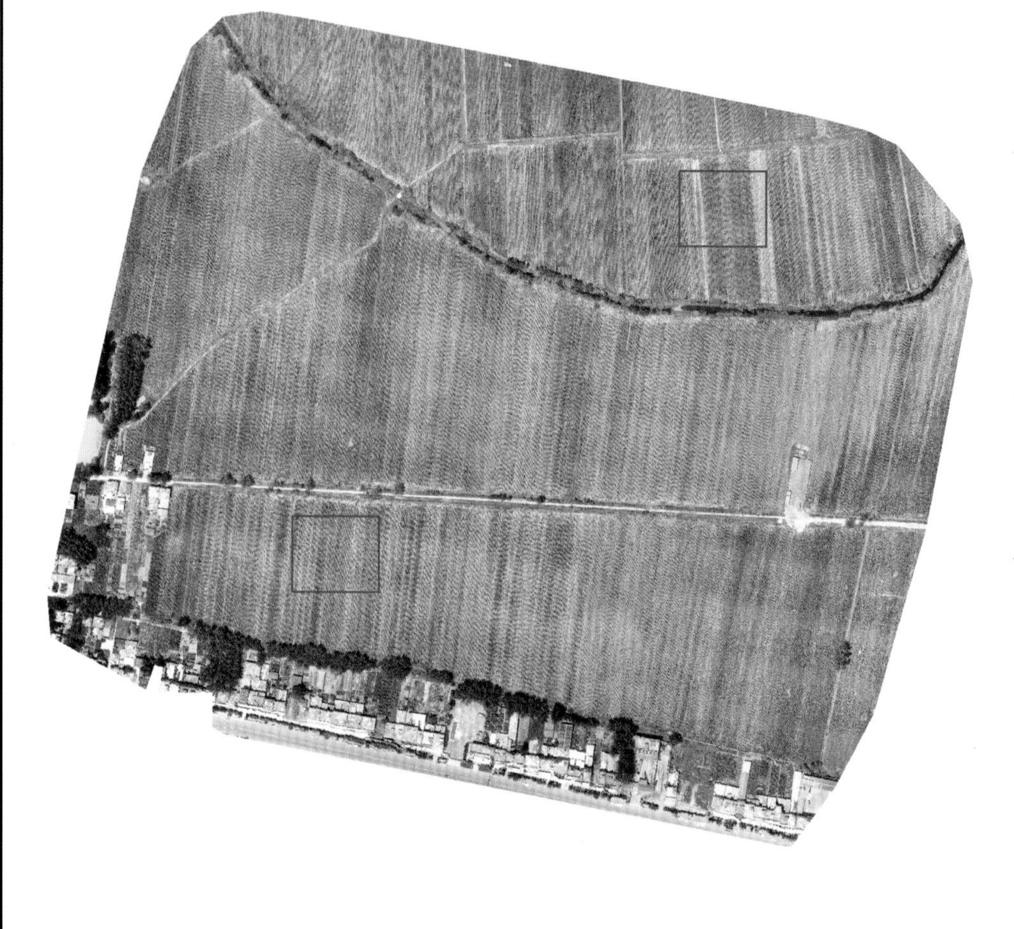

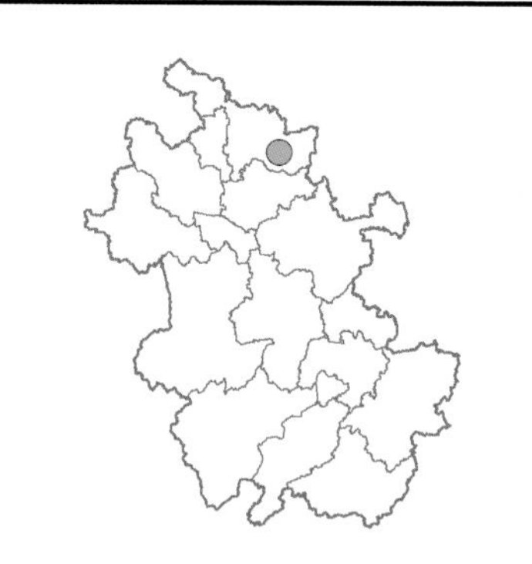

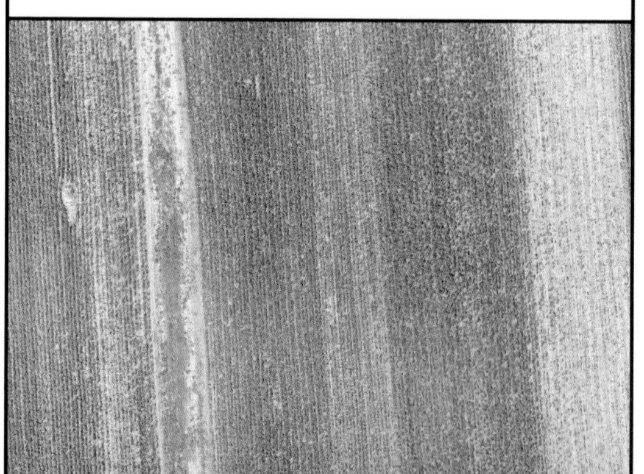

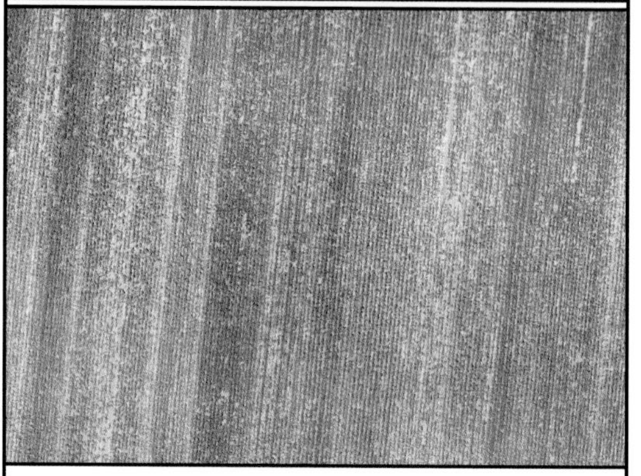

时　　间　2018 年 7 月
地　　点　安徽省宿州市灵璧县
地　　形　平原
类　　型　大豆田

安徽省宿州市泗县农田景观

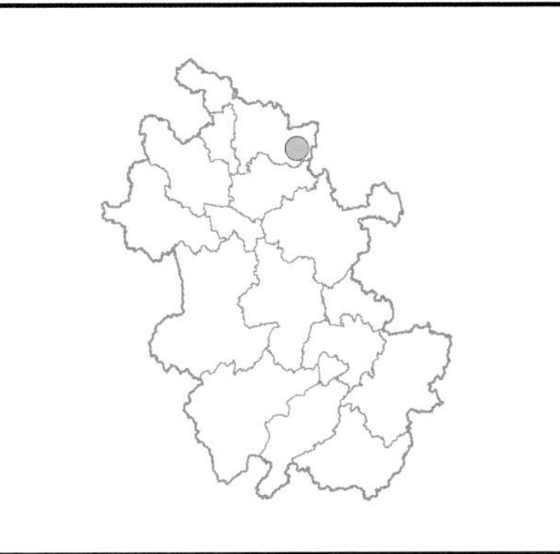

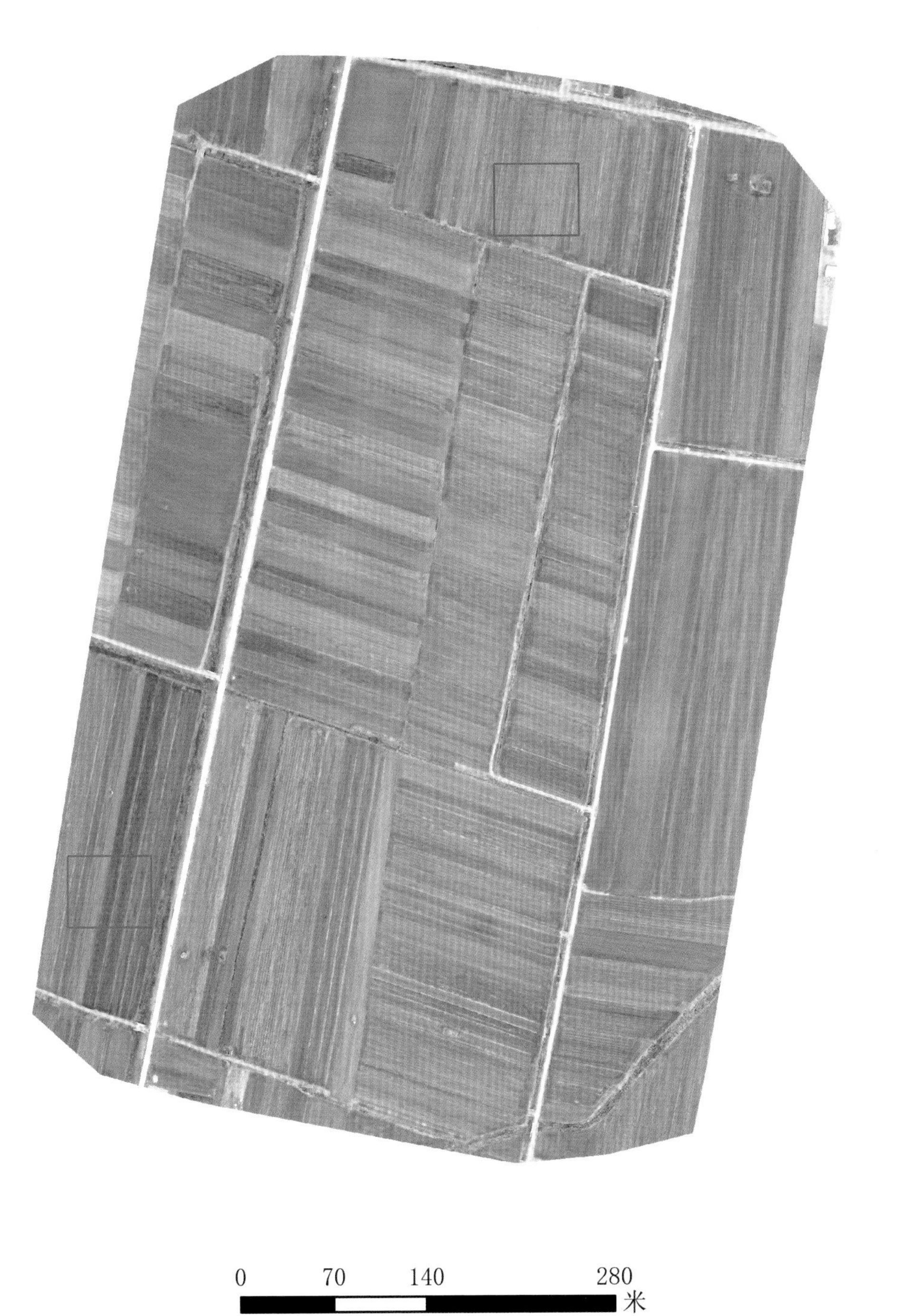

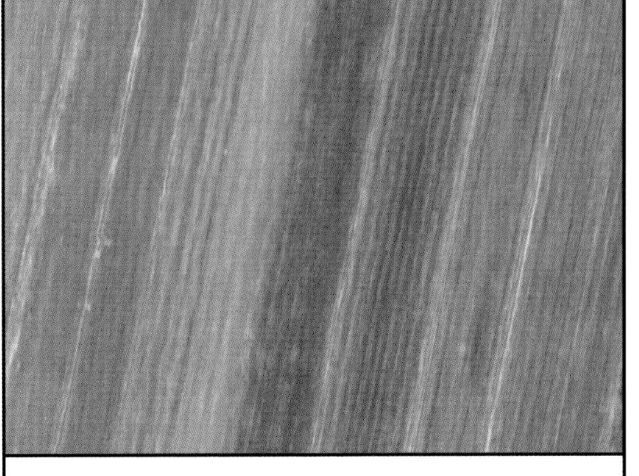

时　　间　2016年11月

地　　点　安徽省宿州市泗县

地　　形　平原

类　　型　冬小麦田

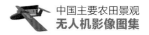

安徽省宿州市埇桥区农田景观

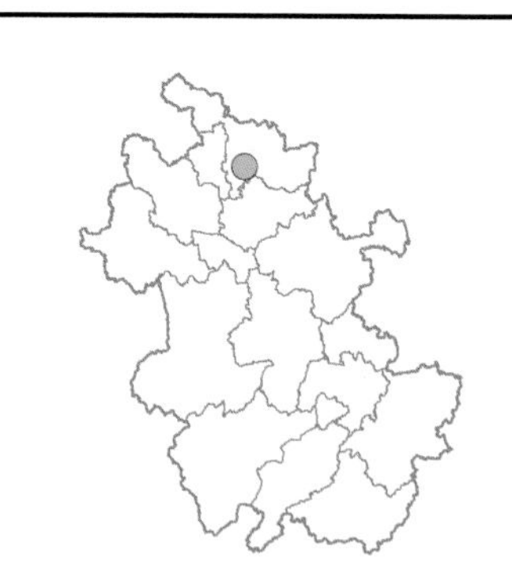

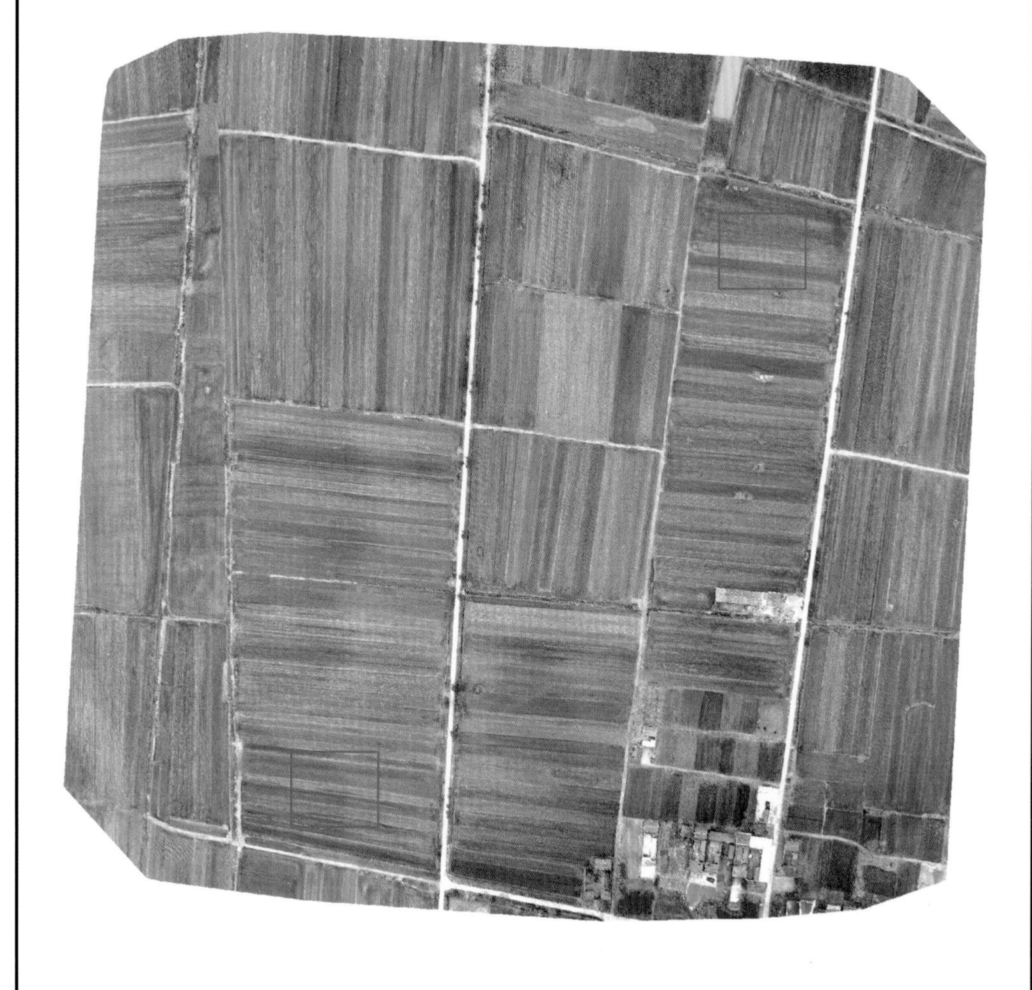

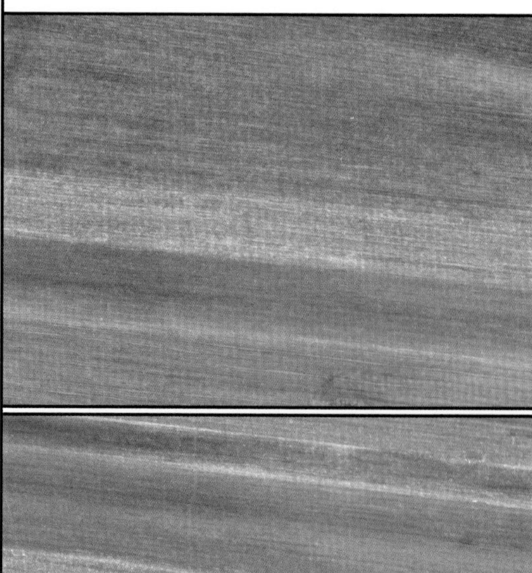

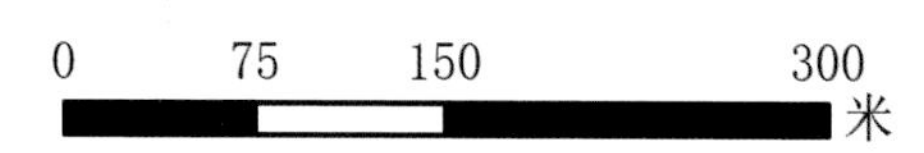

时　　间　2016 年 11 月
地　　点　安徽省宿州市埇桥区
地　　形　平原
类　　型　冬小麦田

安徽省阜阳市太和县农田景观

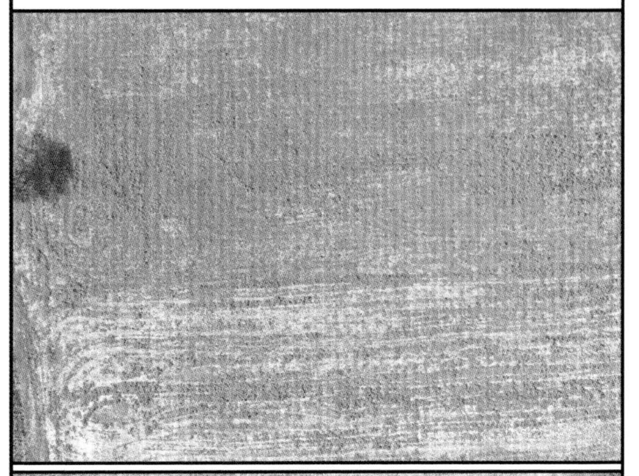

时　　间　2018 年 7 月

地　　点　安徽省阜阳市太和县

地　　形　平原

类　　型　大豆田、玉米田

华中篇

包括江西省、湖北省、湖南省，主要种植小麦、油菜，水稻等作物，本区河湖较多，地块较平整，边界多弧形，共收集影像 19 景。

华中		
江西	湖北	湖南
	3	16

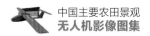

湖北省荆州市江陵县农田景观

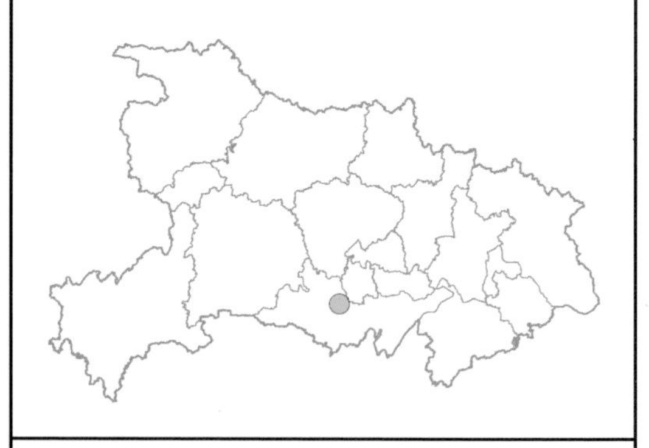

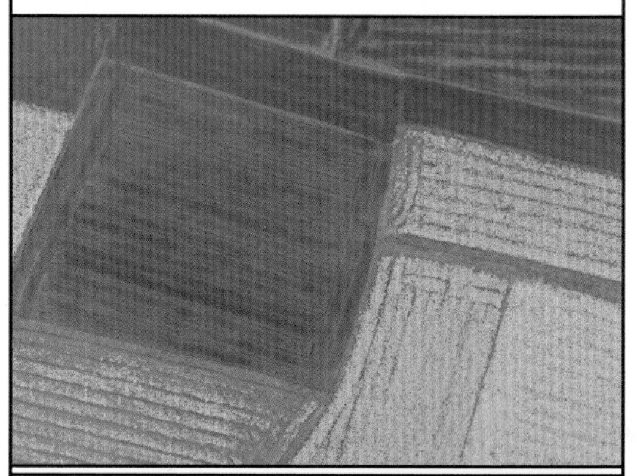

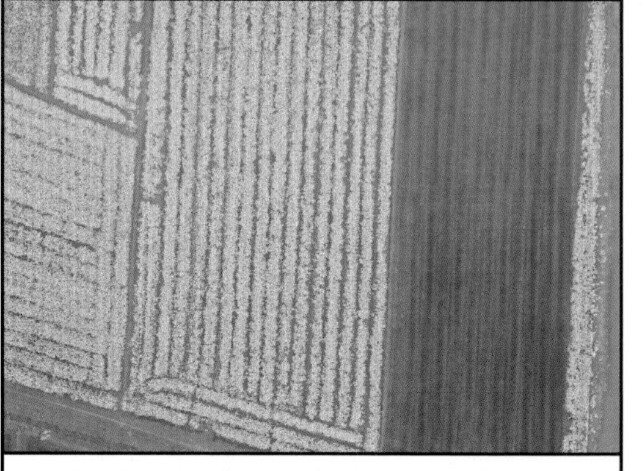

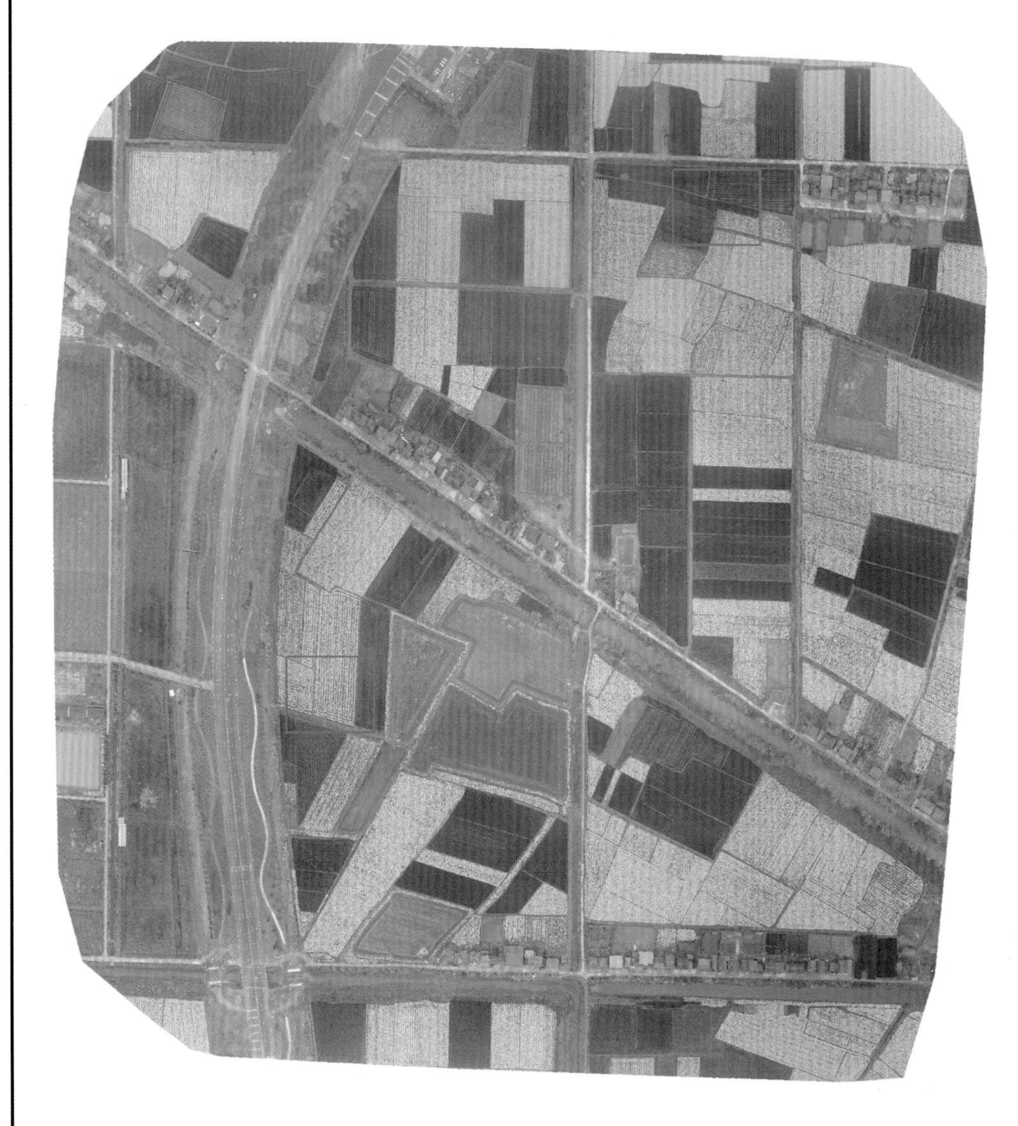

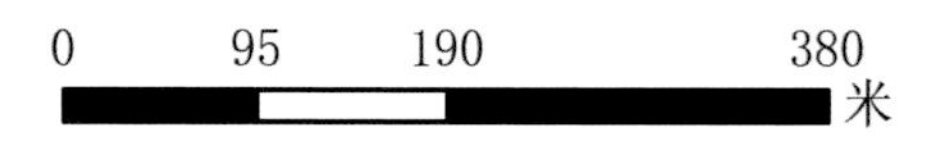

时　间　2019年3月
地　点　湖北省荆州市江陵县
地　形　平原
类　型　油菜田、冬小麦田

湖北省荆门市掇刀区农田景观

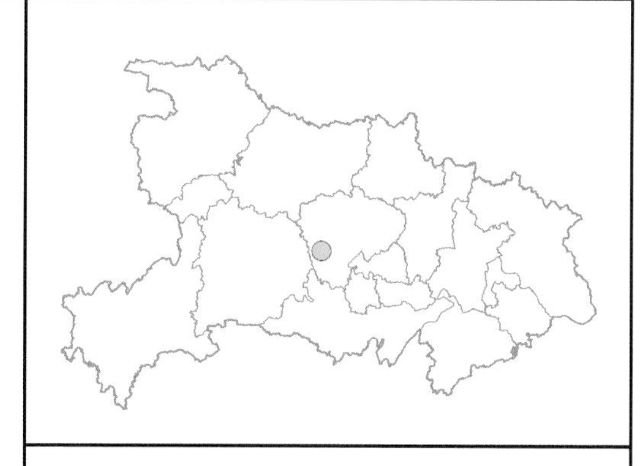

时　　间　2019年3月

地　　点　湖北省荆门市掇刀区

地　　形　平原

类　　型　油菜田、冬小麦田

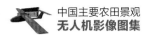

湖北省荆门市钟祥市农田景观

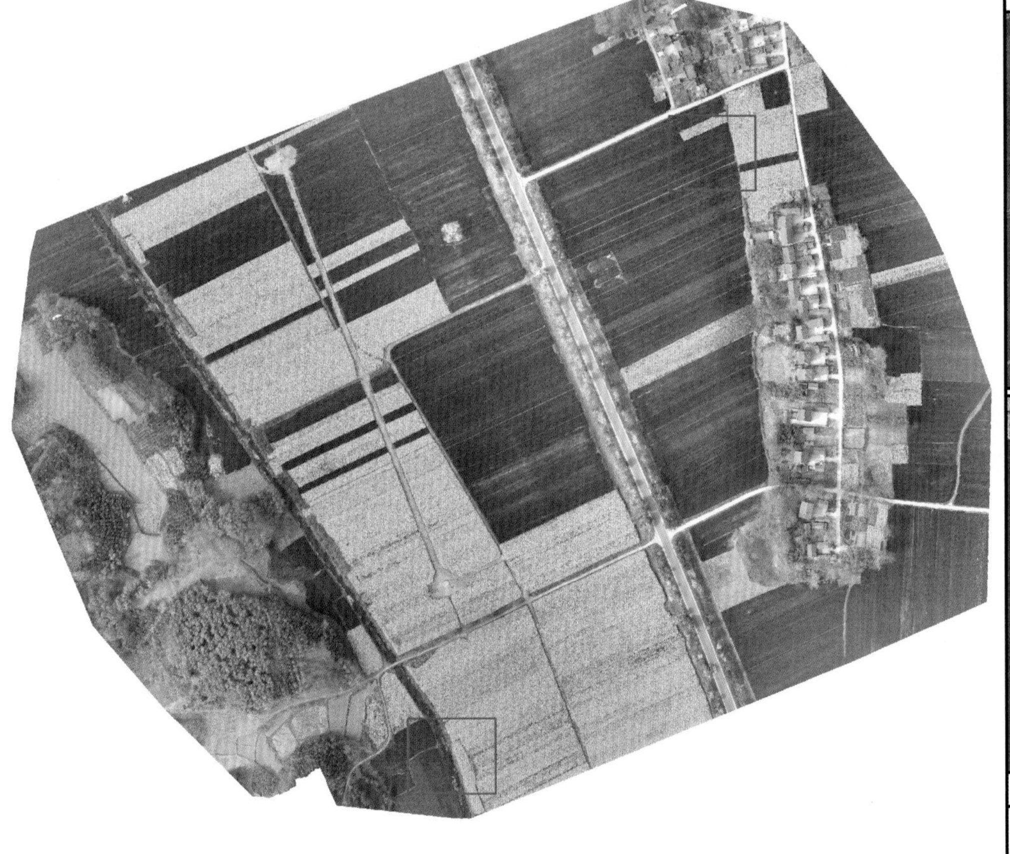

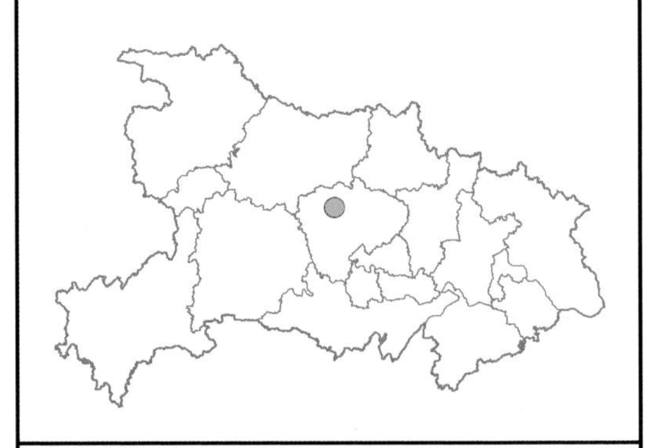

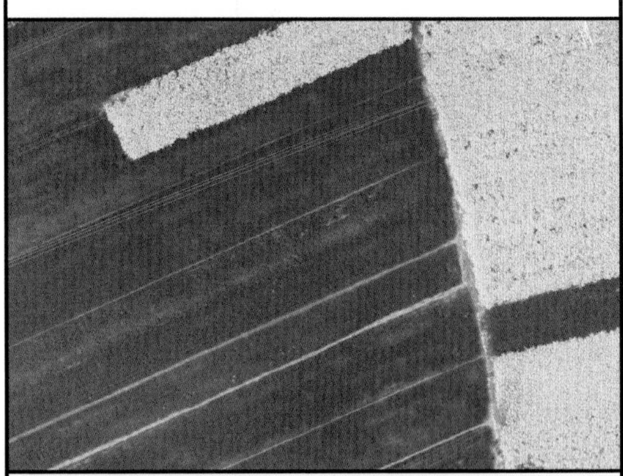

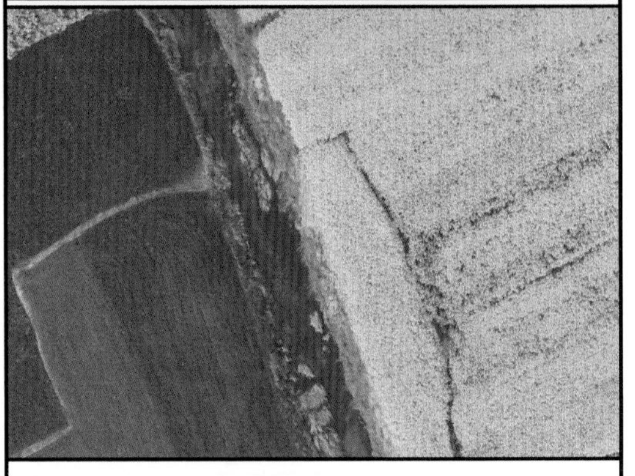

时　　间　2019 年 3 月
地　　点　湖北省荆门市钟祥市
地　　形　平原
类　　型　油菜田、冬小麦田

湖南省长沙市长沙县农田景观

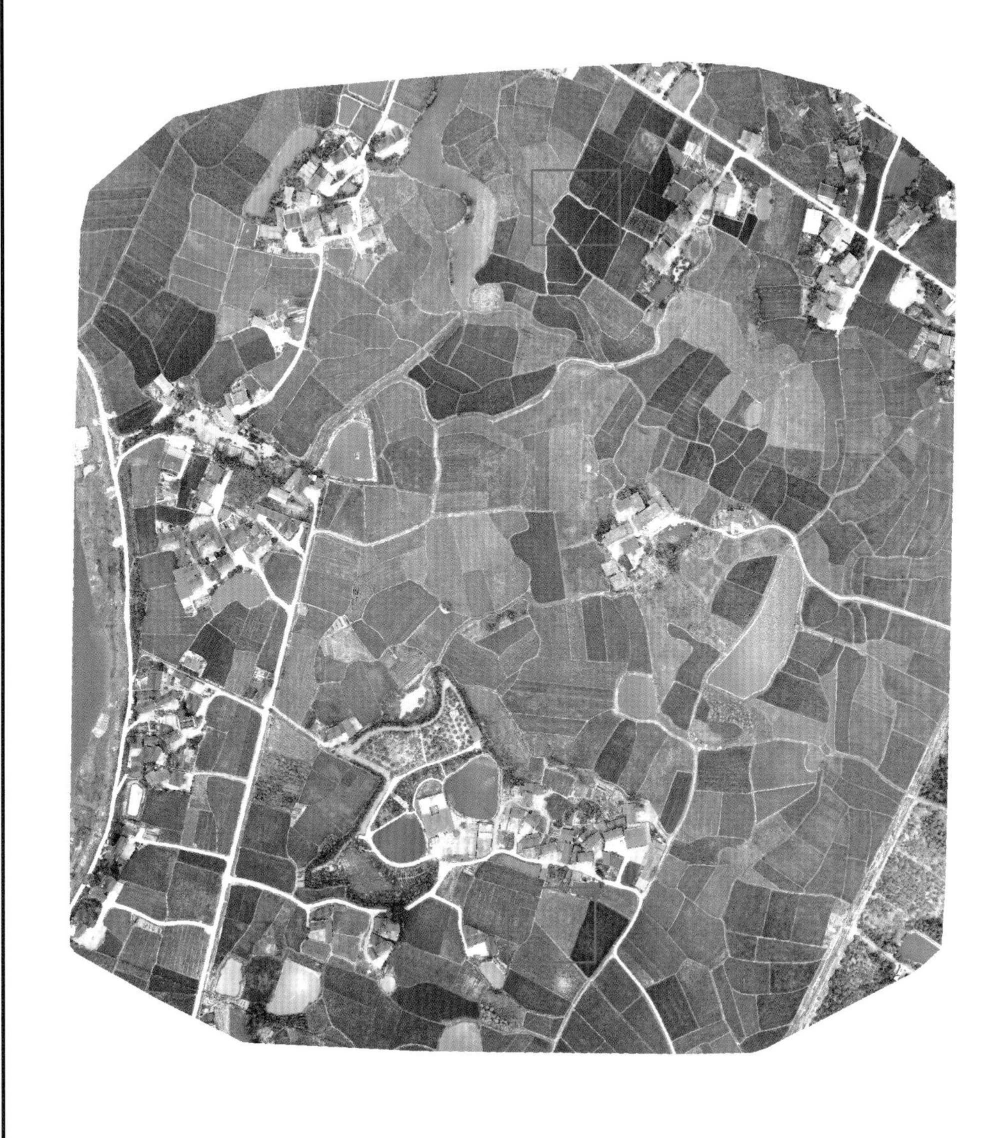

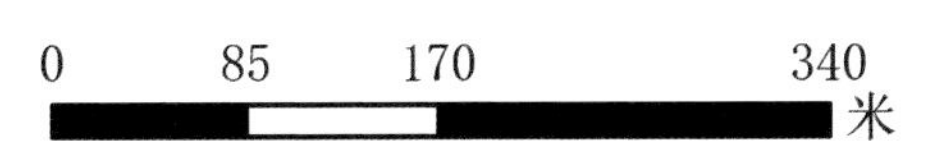

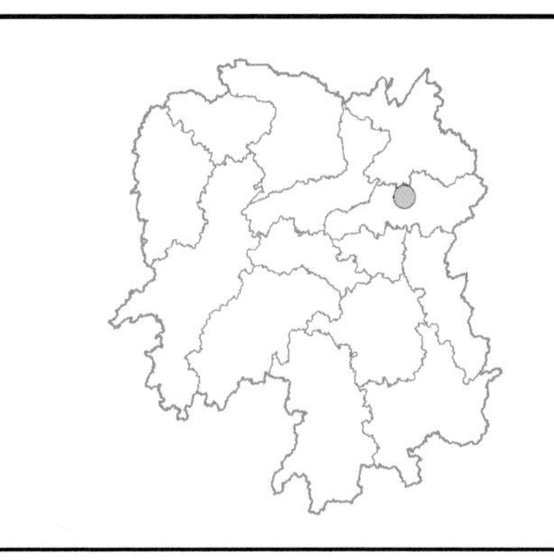

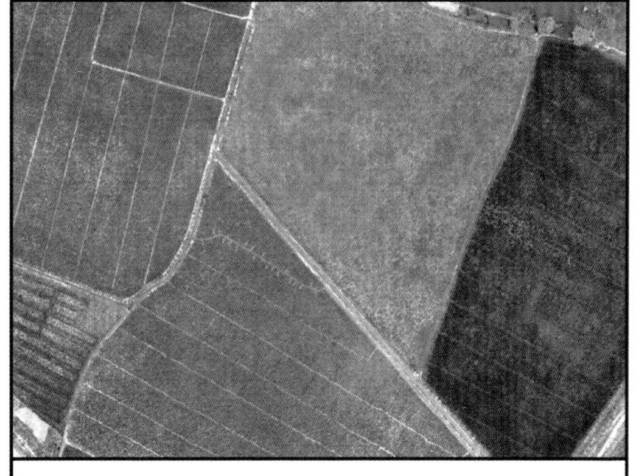

时　　间　2017 年 8 月
地　　点　湖南省长沙市长沙县
地　　形　丘陵
类　　型　双季晚稻田、中稻田

湖南省岳阳市湘阴县农田景观

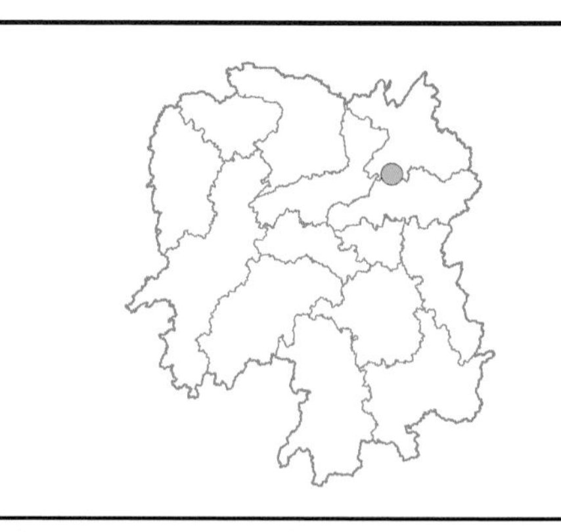

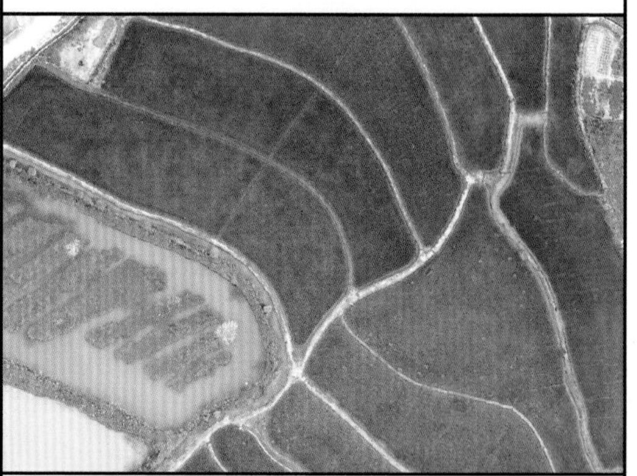

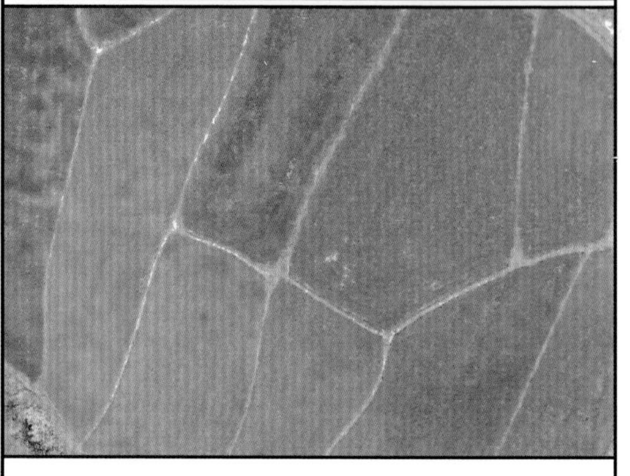

时　　间　2017 年 8 月
地　　点　湖南省岳阳市湘阴县
地　　形　丘陵
类　　型　双季晚稻田、中稻田

湖南省常德市鼎城区农田景观

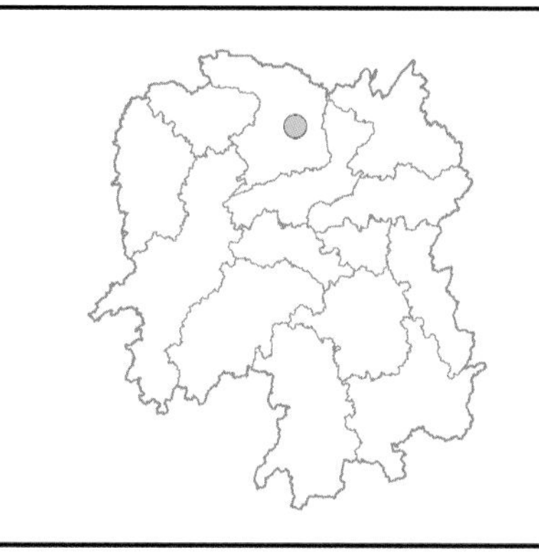

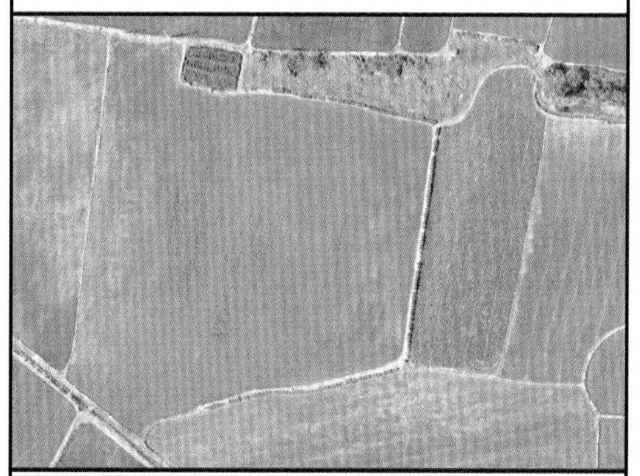

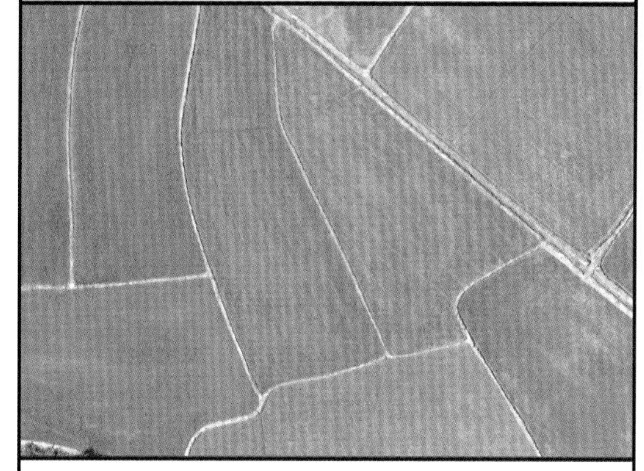

时　间　2017 年 8 月
地　点　湖南省常德市鼎城区
地　形　丘陵
类　型　双季晚稻田、中稻田

湖南省

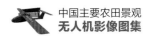

湖南省常德市澧县农田景观

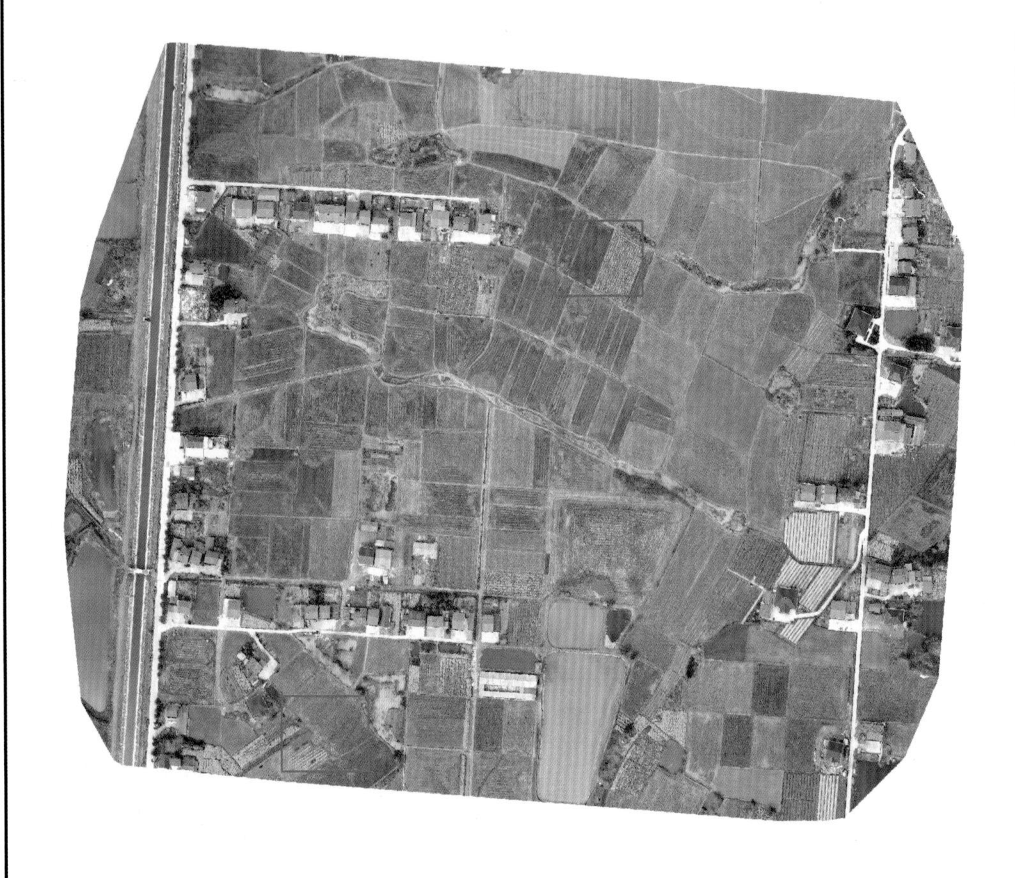

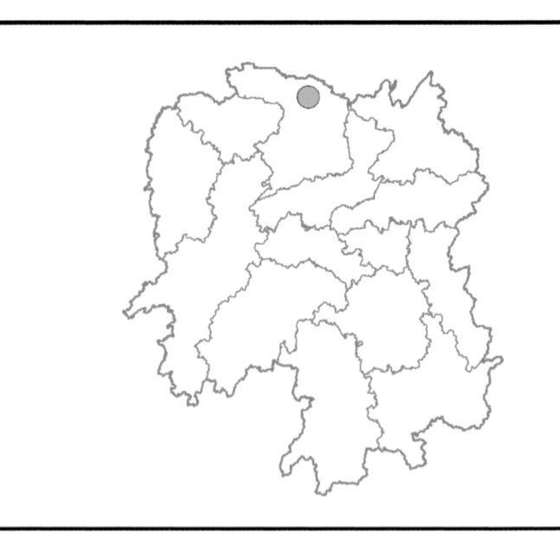

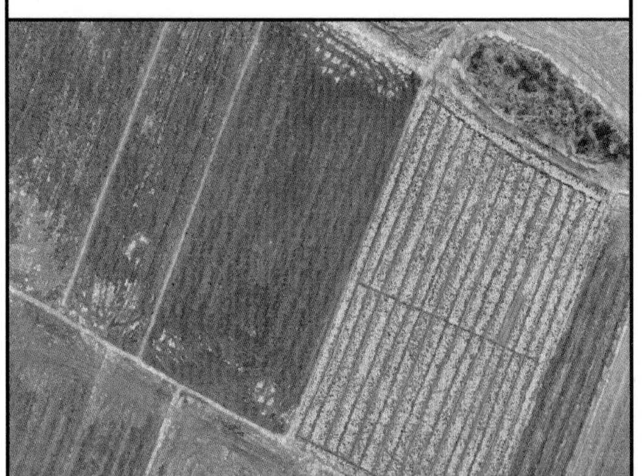

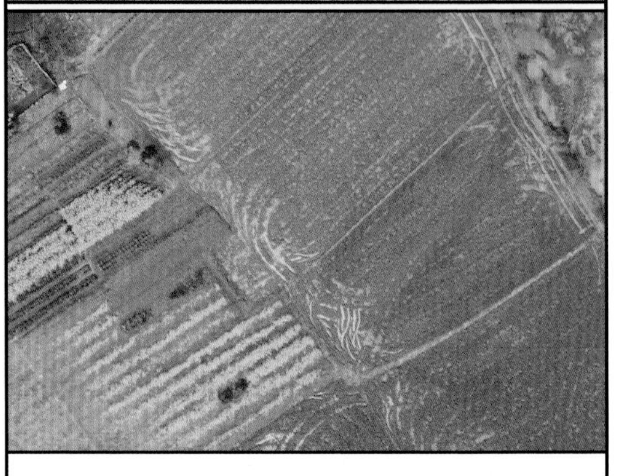

时　　间　2018 年 3 月

地　　点　湖南省常德市澧县

地　　形　平原

类　　型　油菜田、水田

湖南省常德市安乡县农田景观

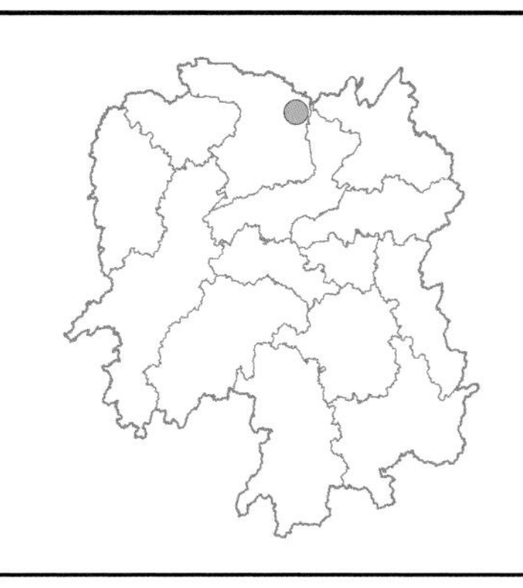

时　间　2018 年 3 月

地　点　湖南省常德市安乡县

地　形　平原

类　型　油菜田、水田、大棚

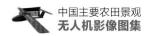

湖南省株洲市攸县农田景观

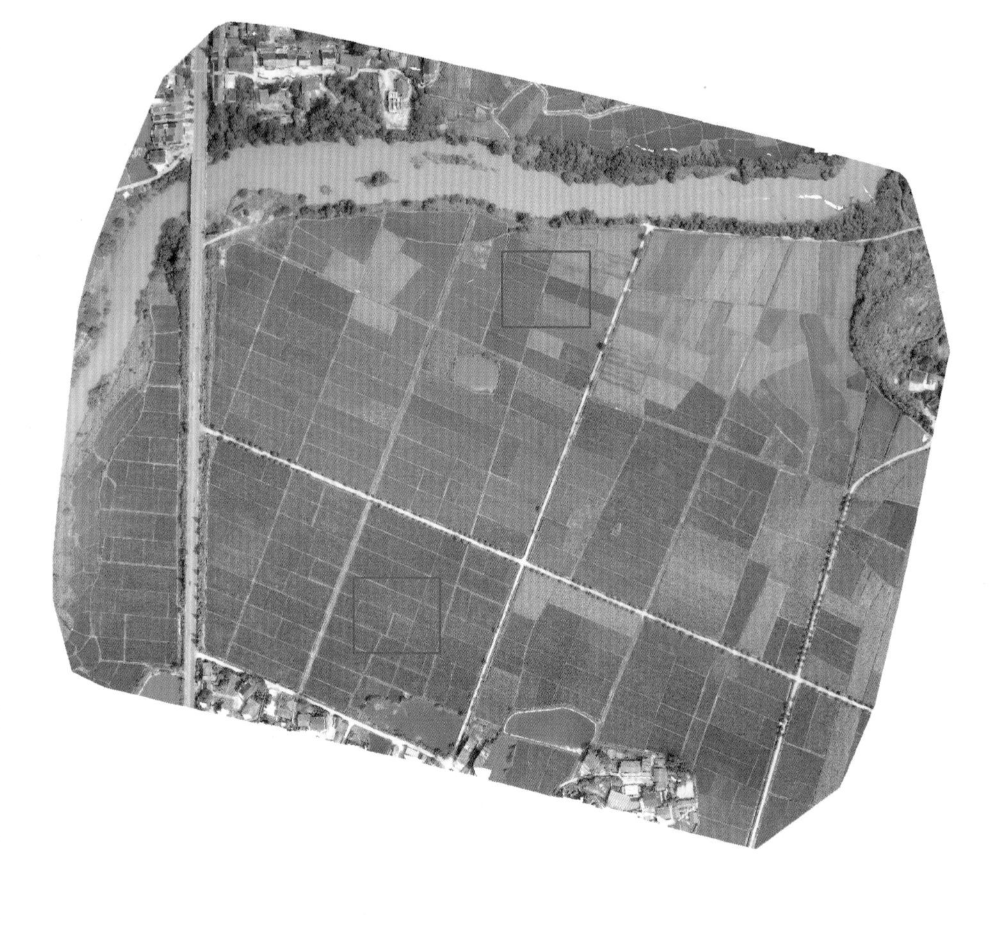

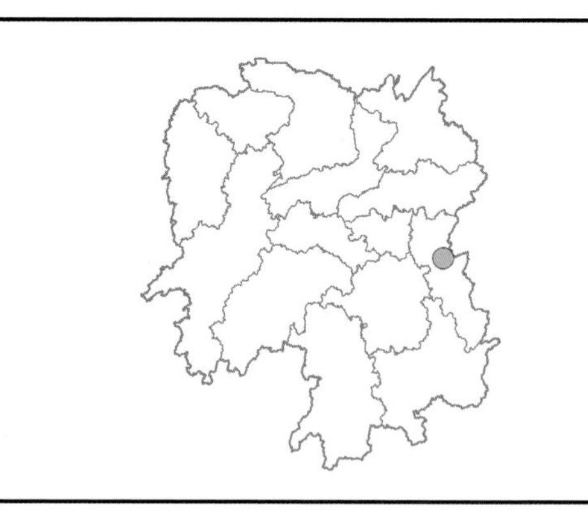

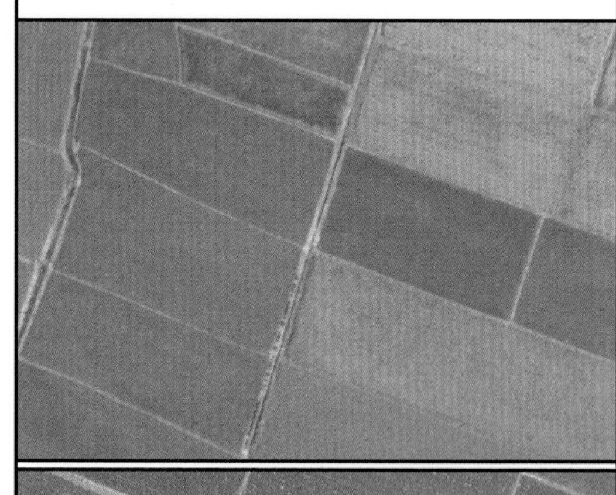

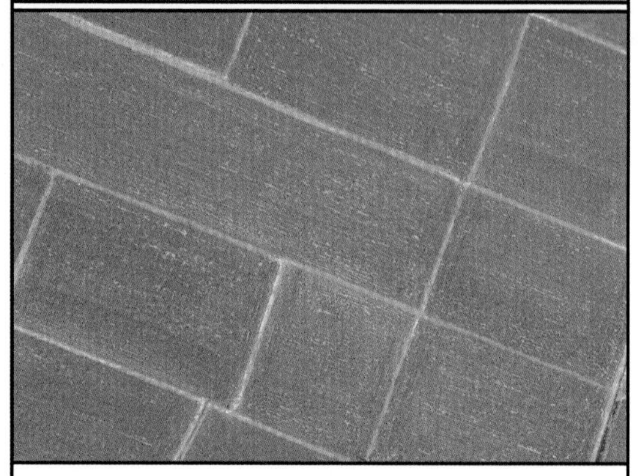

时　间　2017 年 8 月
地　点　湖南省株洲市攸县
地　形　平原
类　型　双季晚稻田、中稻田

湖南省株洲市攸县农田景观

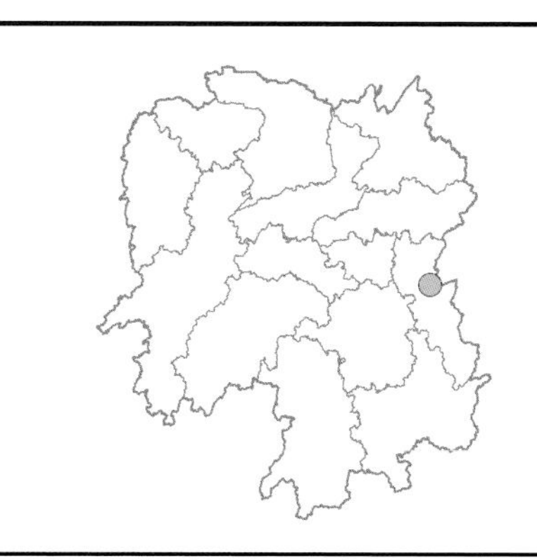

时　间　2018年3月
地　点　湖南省株洲市攸县
地　形　平原
类　型　油菜田、水田

湖南省株洲市攸县农田景观

0 115 230 460
米

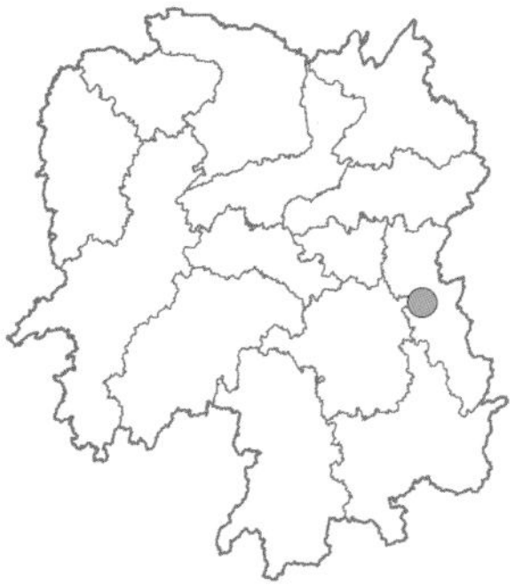

时　　间　2017 年 8 月

地　　点　湖南省株洲市攸县

地　　形　平原

类　　型　双季晚稻田、中稻田

湖南省

湖南省株洲市茶陵县农田景观

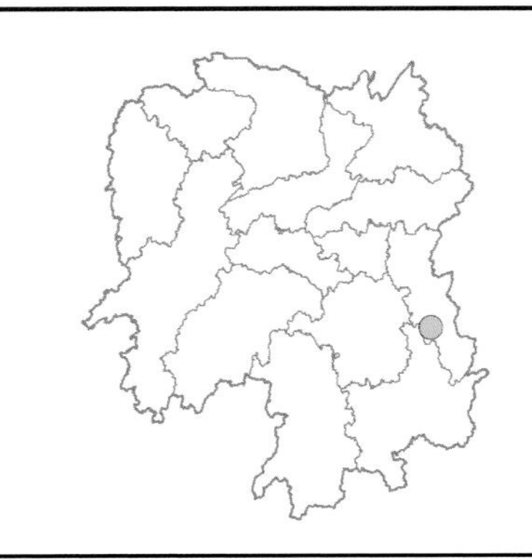

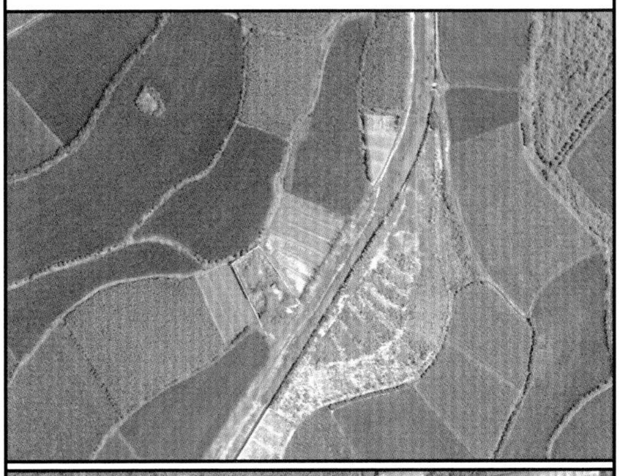

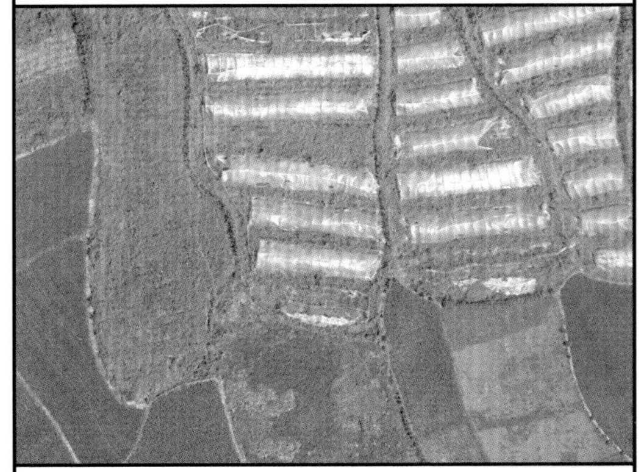

时　　间　2017 年 8 月
地　　点　湖南省株洲市茶陵县
地　　形　丘陵
类　　型　双季晚稻田、中稻田、大棚

湖南省衡阳市衡阳县农田景观

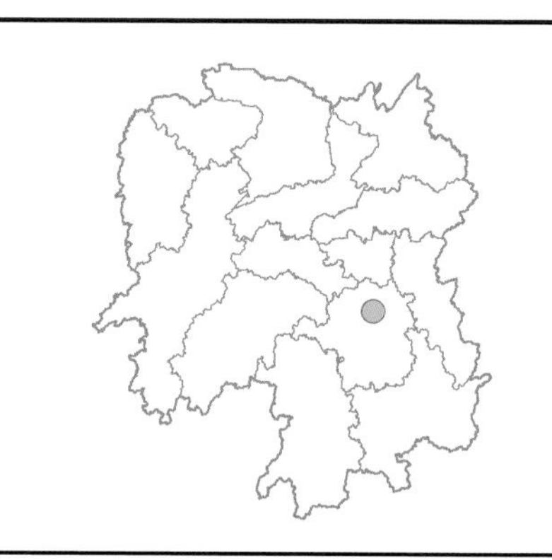

时　　间　2017 年 8 月

地　　点　湖南省衡阳市衡阳县

地　　形　丘陵

类　　型　双季晚稻田、中稻田

湖南省衡阳市衡阳县农田景观

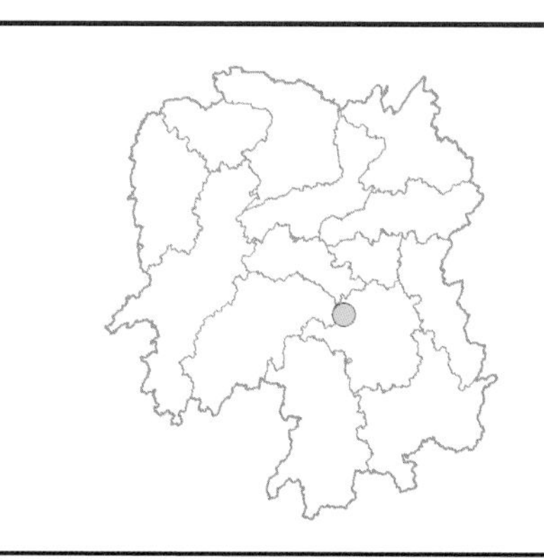

时　　间　2018 年 3 月
地　　点　湖南省衡阳市衡阳县
地　　形　丘陵
类　　型　油菜田、水田、烟草田（地膜）

湖南省衡阳市衡阳县农田景观

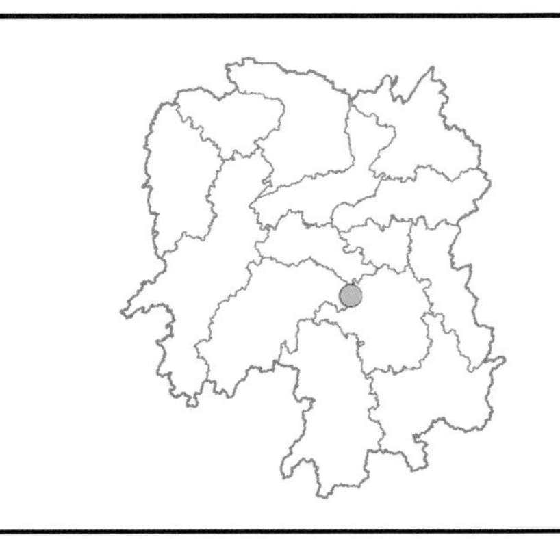

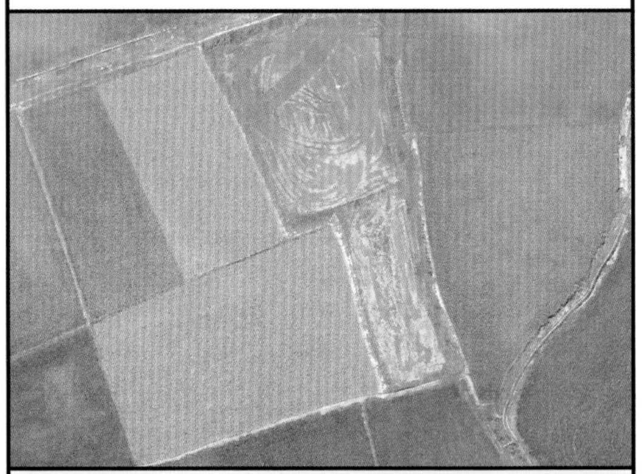

时　间　2017年8月
地　点　湖南省衡阳市衡阳县
地　形　丘陵
类　型　双季晚稻田、中稻田

湖南省衡阳市衡南县农田景观

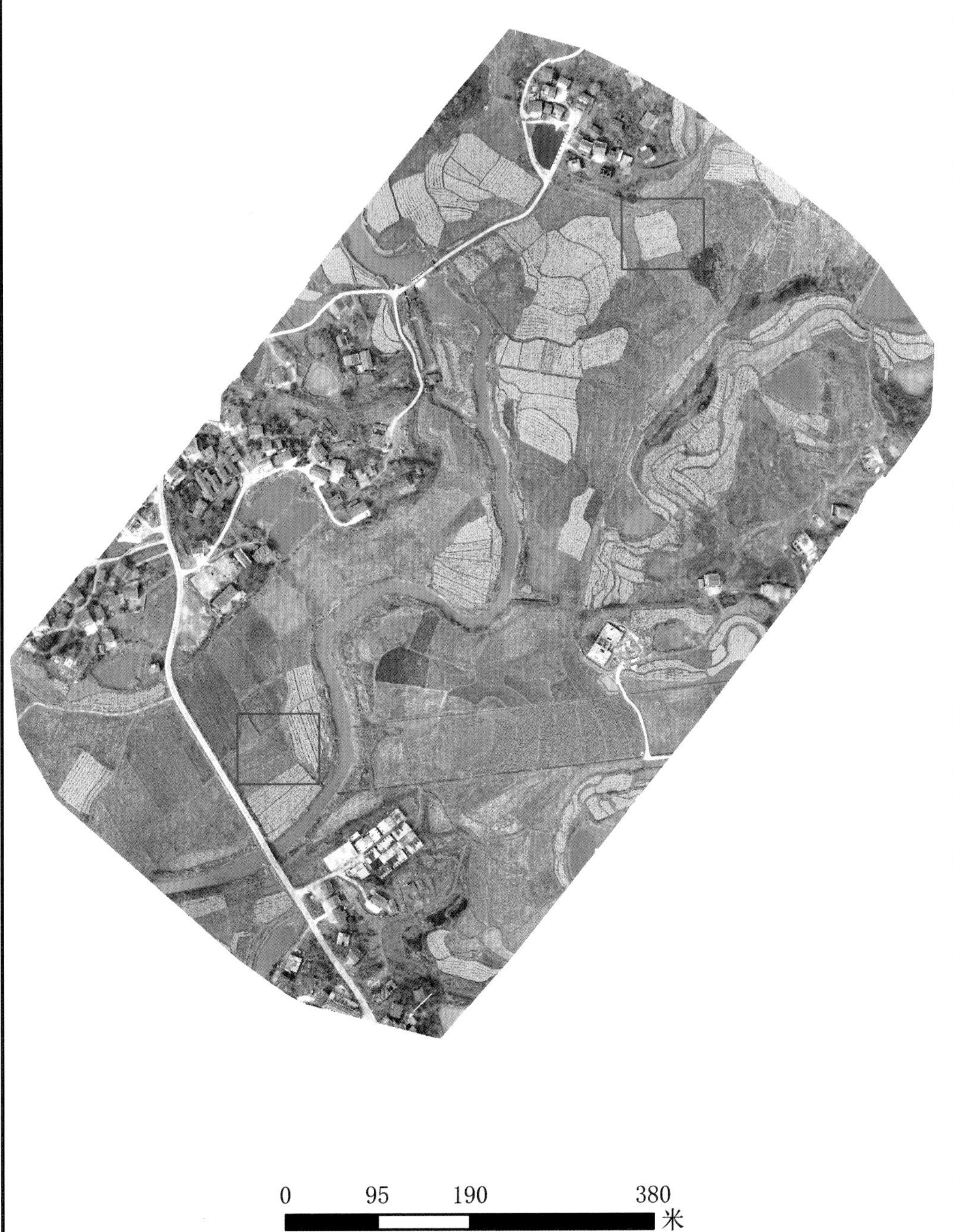

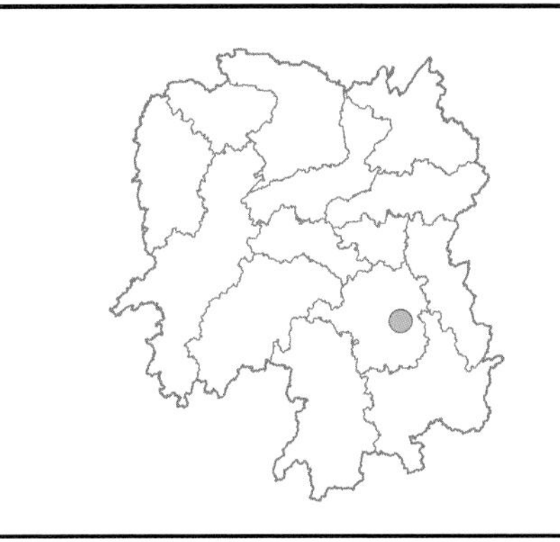

时　间　2018年3月

地　点　湖南省衡阳市衡南县

地　形　丘陵

类　型　油菜田、水田

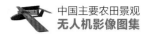

湖南省郴州市永兴县农田景观

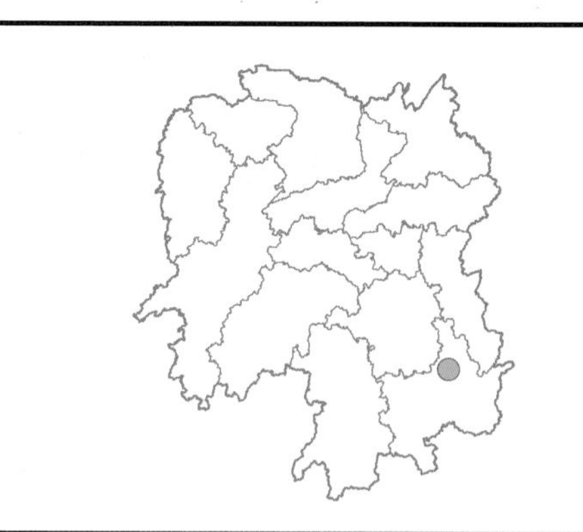

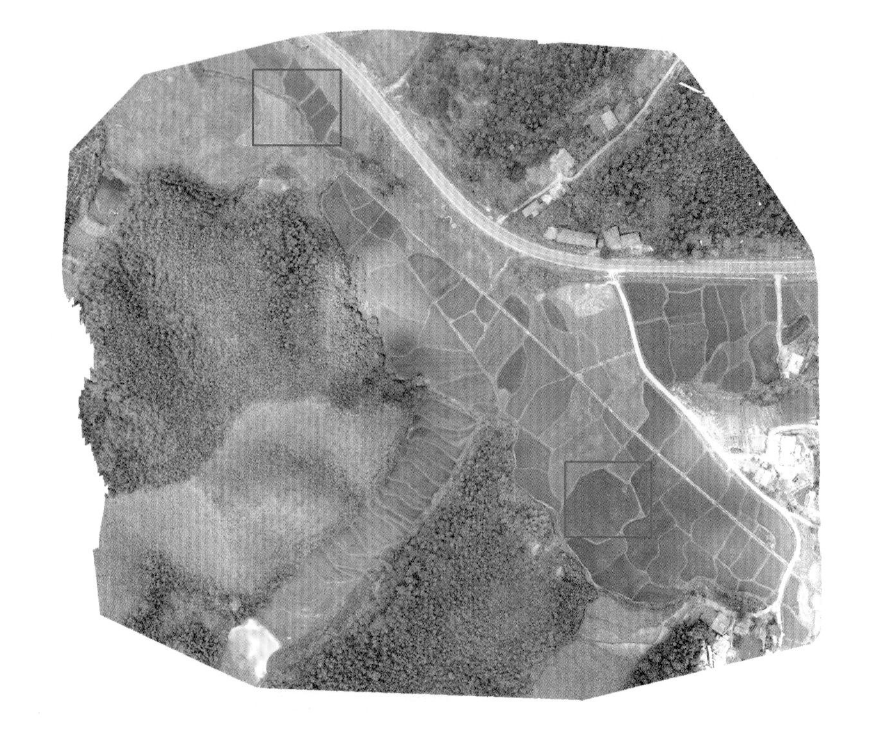

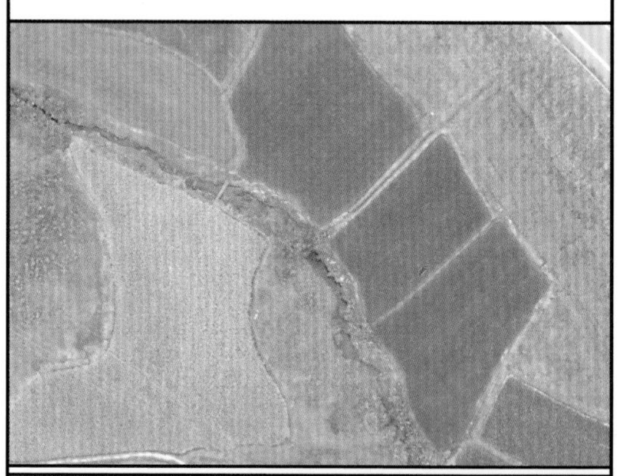

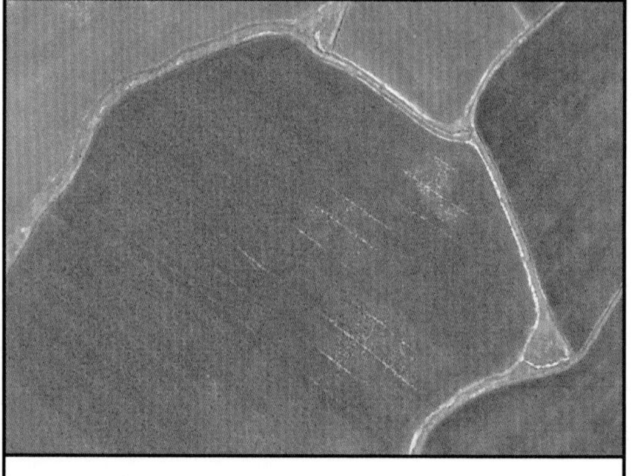

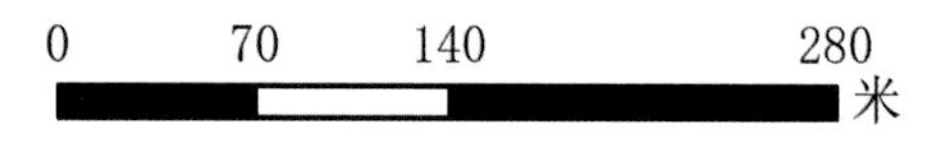

时　间　2017年8月
地　点　湖南省郴州市永兴县
地　形　丘陵
类　型　双季晚稻田、中稻田

湖南省郴州市安仁县农田景观

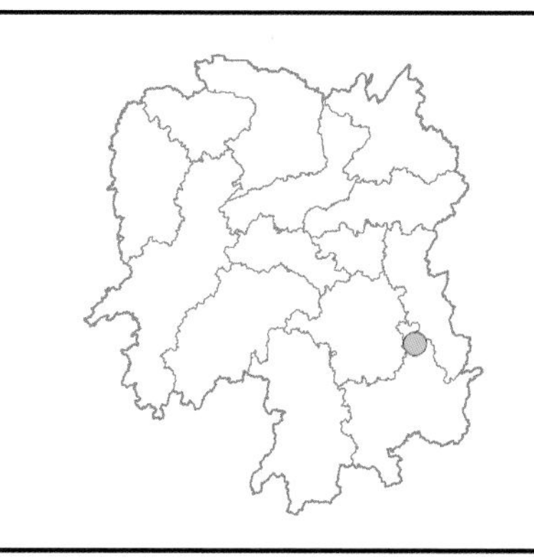

时　间　2018 年 3 月

地　点　湖南省郴州市安仁县

地　形　平原

类　型　油菜田、水田

湖南省

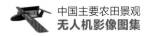

湖南省益阳市南县农田景观

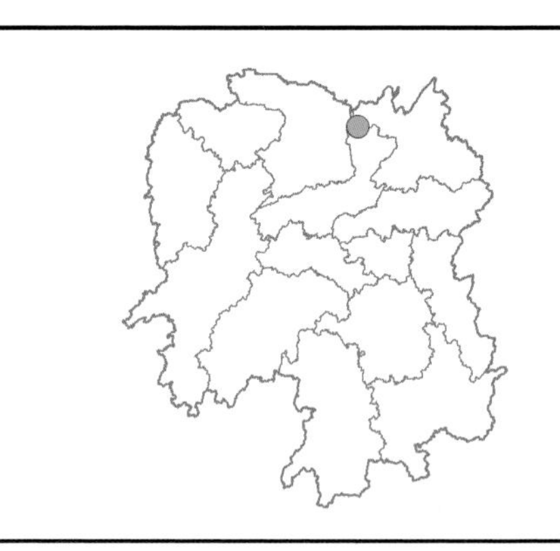

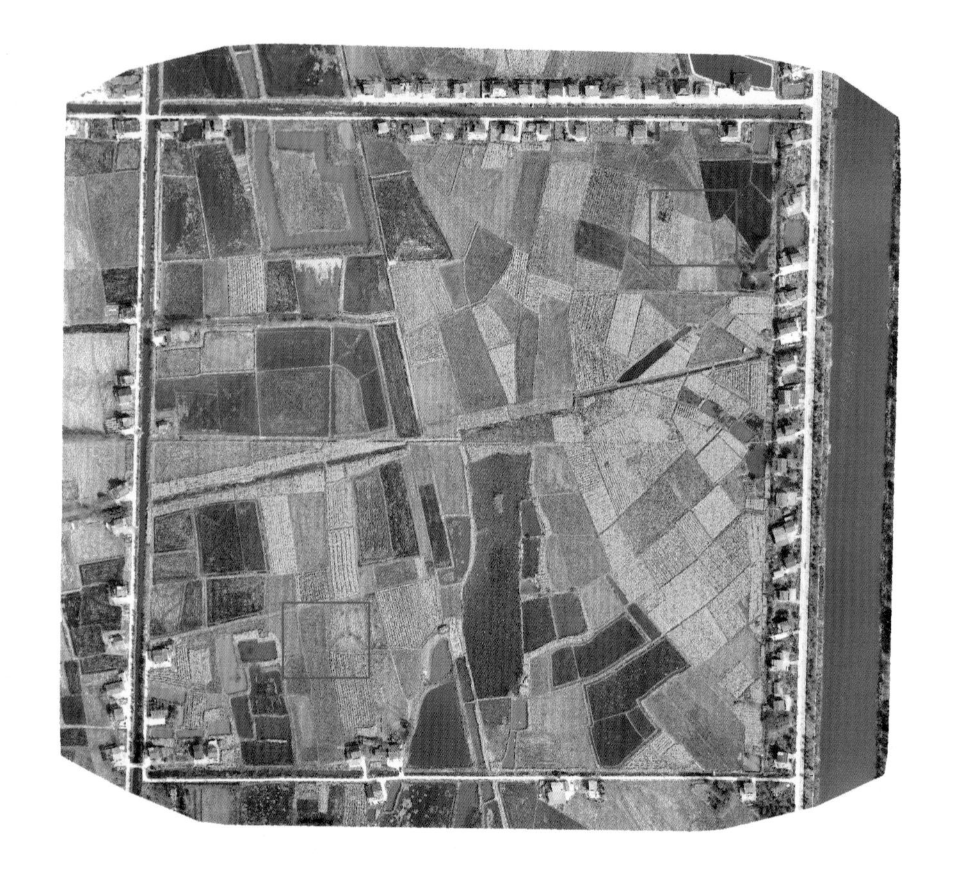

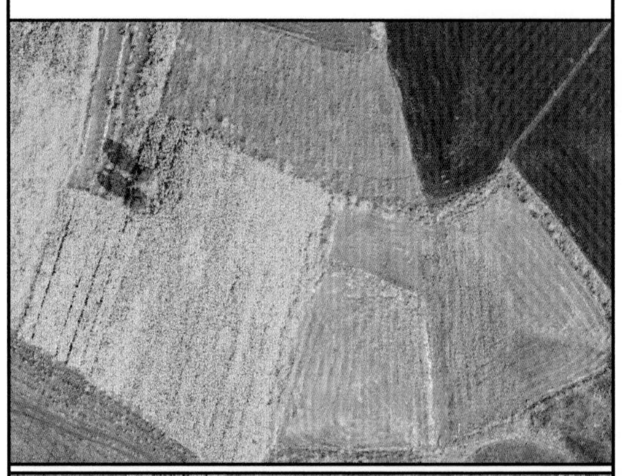

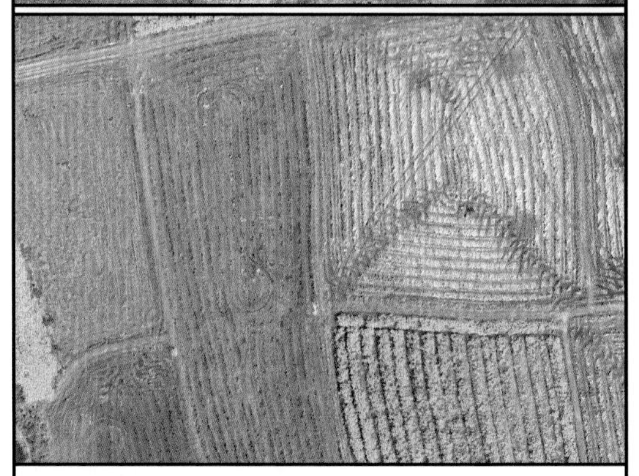

时　　间　2018 年 3 月
地　　点　湖南省益阳市南县
地　　形　平原
类　　型　油菜田、水田

华南篇

包括福建省、广东省、广西壮族自治区、海南省，主要种植水稻、油菜等作物，本区地块破碎、多梯田，共收集影像 18 景。

华　南			
福建	广东	广西	海南
13			5

福建省

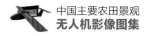

福建省南平市延平区农田景观

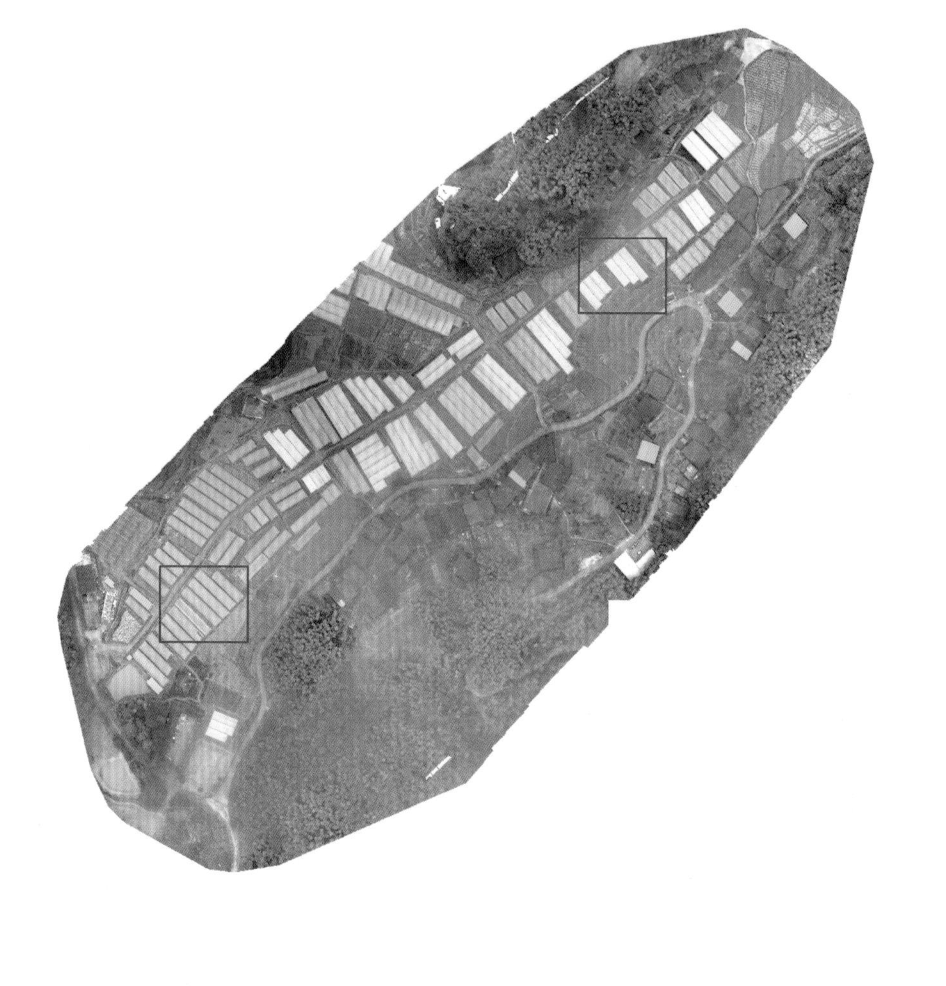

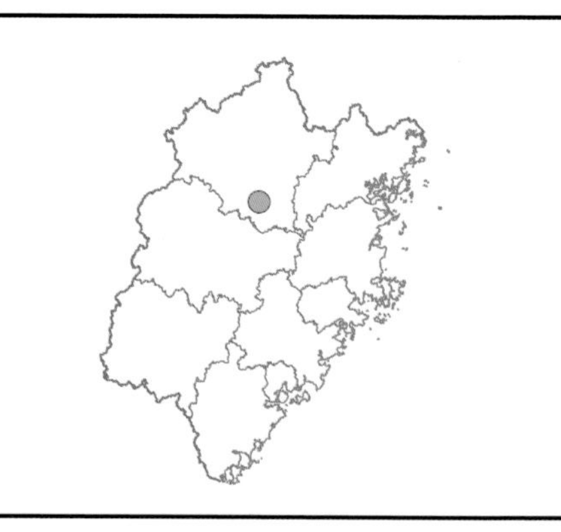

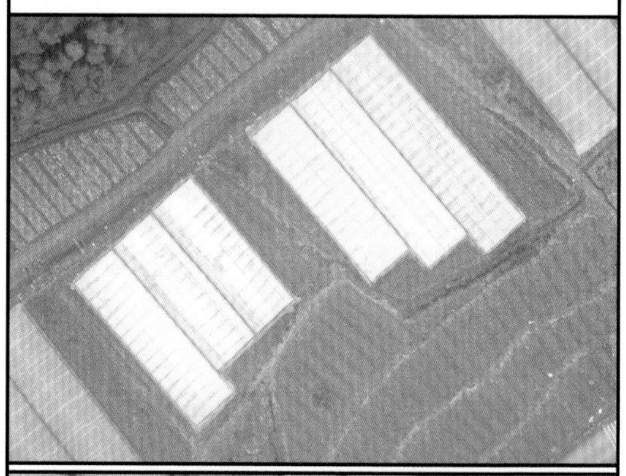

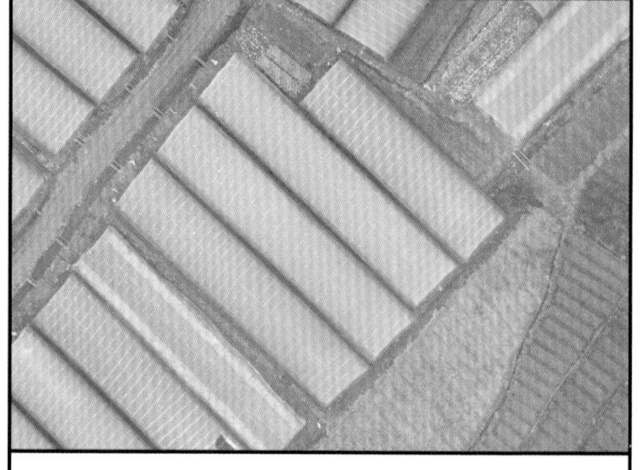

时　间　2018 年 1 月

地　点　福建省南平市延平区

地　形　丘陵

类　型　花卉大棚、水田

福建省南平市延平区农田景观

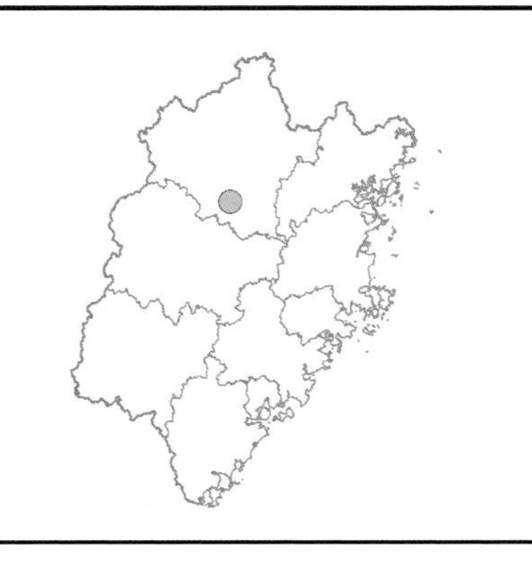

时　间　2018年1月

地　点　福建省南平市延平区

地　形　丘陵

类　型　花卉大棚、水田

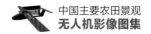

福建省南平市延平区农田景观

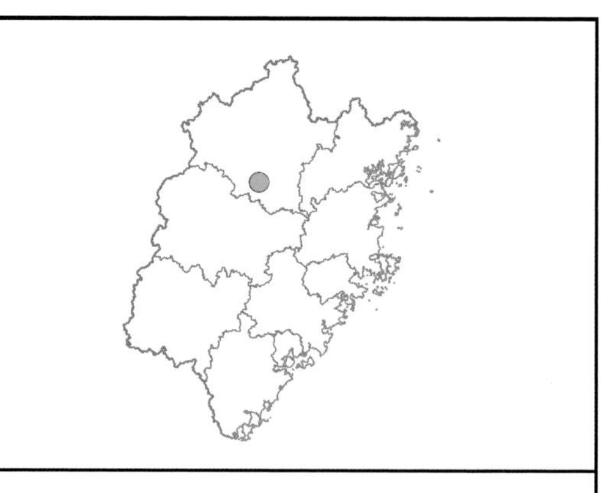

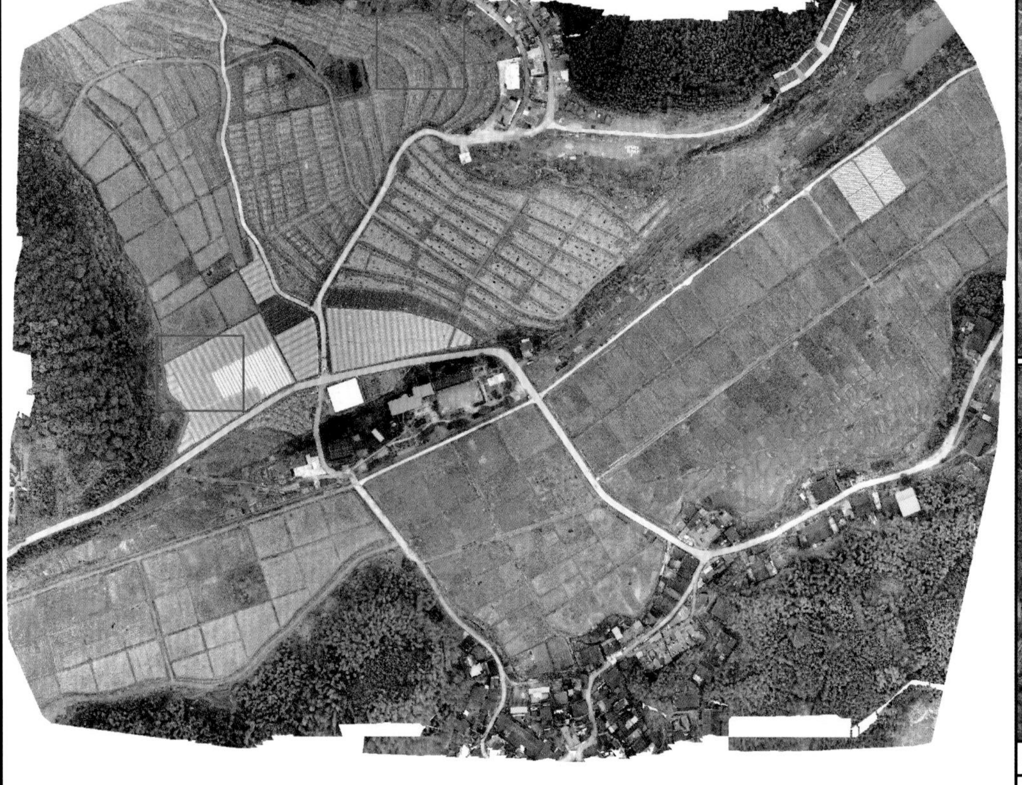

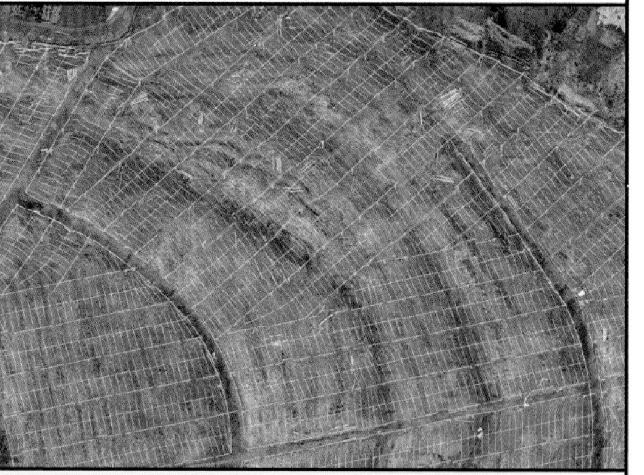

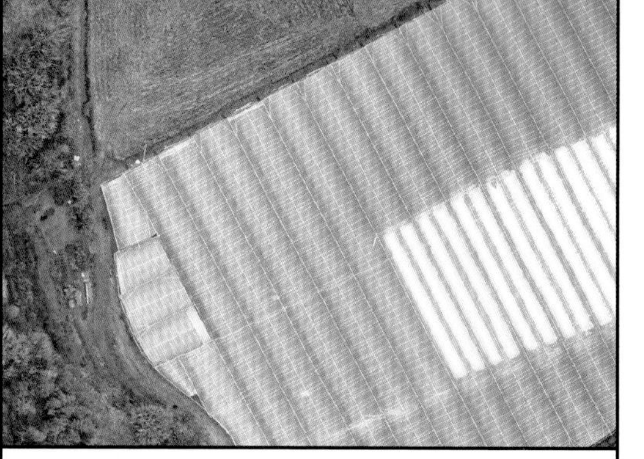

时　间　2018 年 1 月

地　点　福建省南平市延平区

地　形　丘陵

类　型　花卉大棚、水田

福建省南平市延平区农田景观

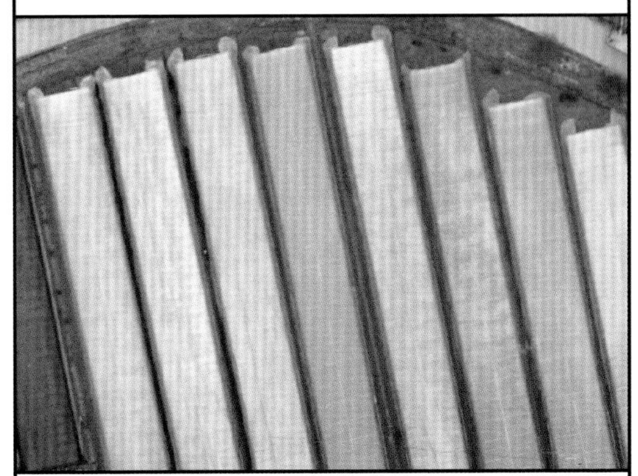

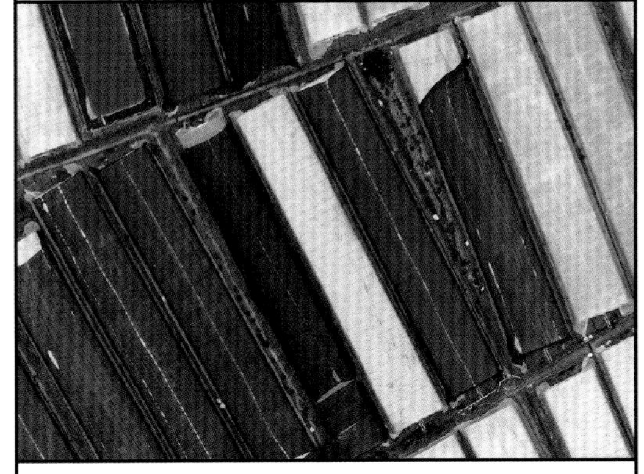

时　　间 2018年1月

地　　点 福建省南平市延平区

地　　形 丘陵

类　　型 花卉大棚

福建省

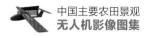

福建省南平市延平区农田景观

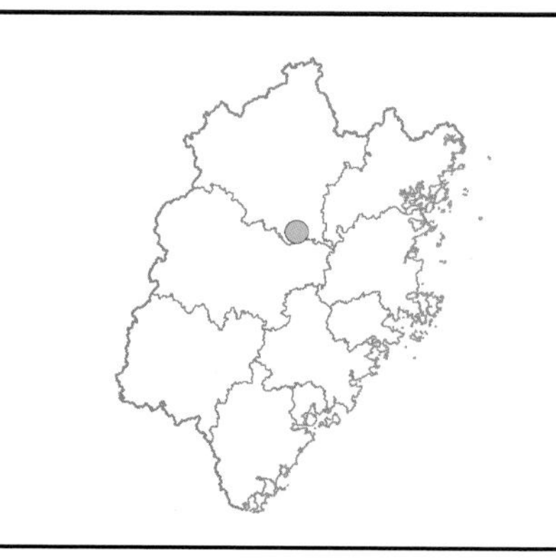

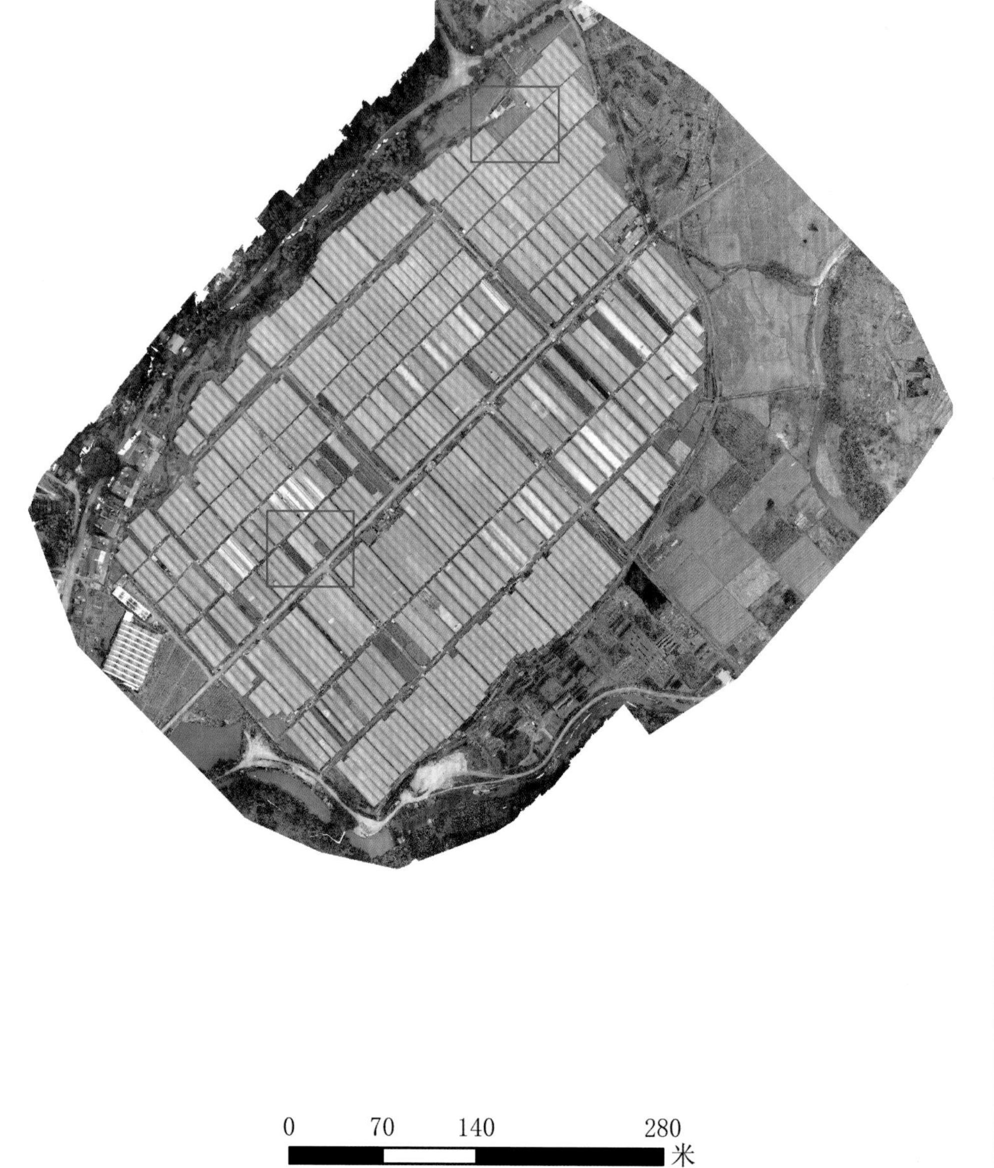

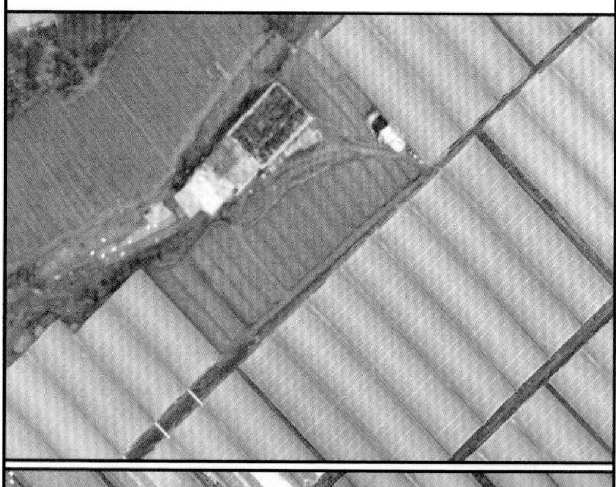

0　70　140　280
米

时　　间　2018 年 1 月
地　　点　福建省南平市延平区
地　　形　丘陵
类　　型　花卉大棚、蔬菜田

福建省南平市延平区农田景观

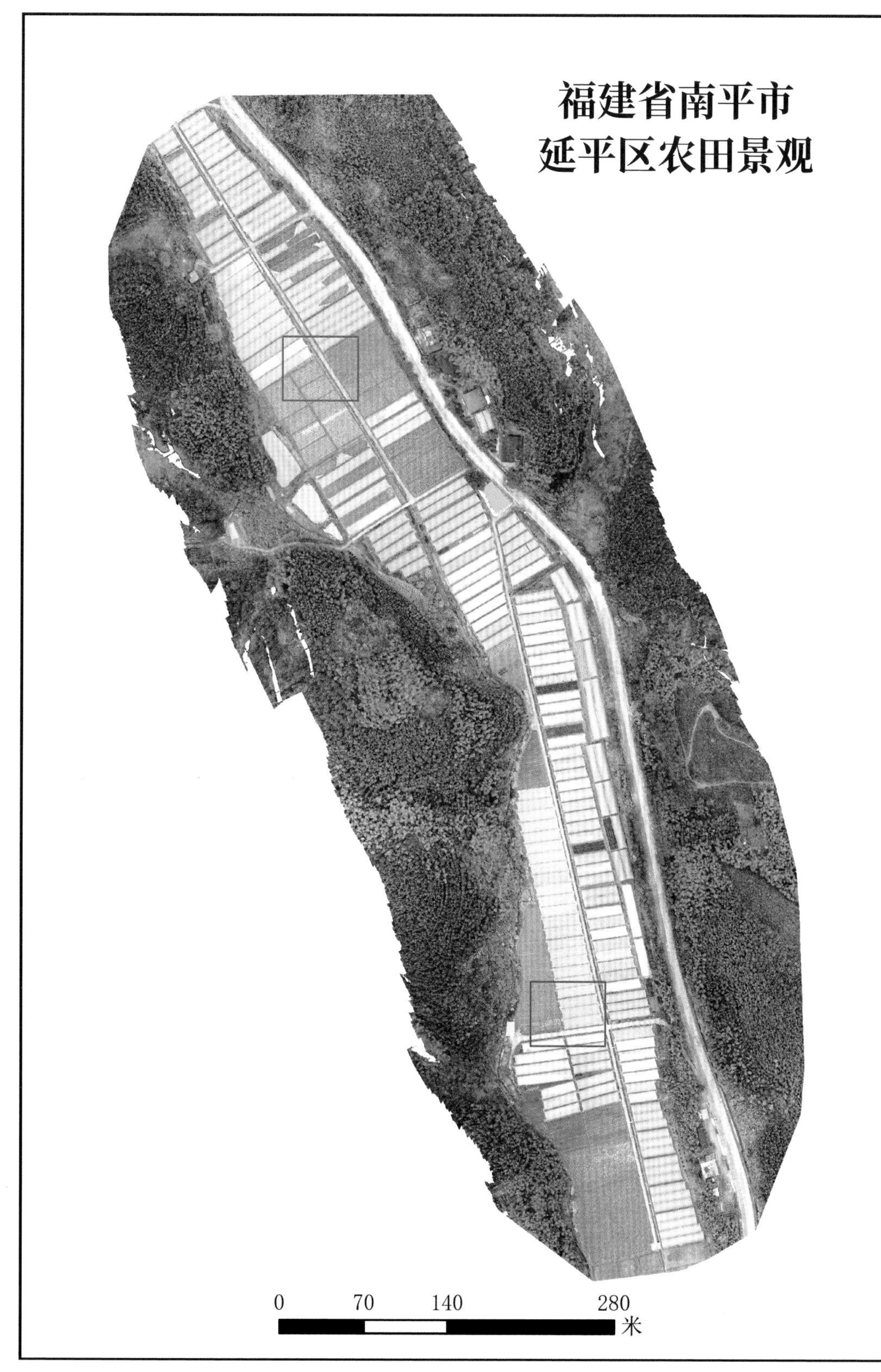

时　间　2018 年 1 月

地　点　福建省南平市延平区

地　形　丘陵

类　型　花卉大棚、水田

福建省南平市浦城县农田景观

时　　间	2018 年 1 月
地　　点	福建省南平市浦城县
地　　形	丘陵
类　　型	烟草田（地膜）、水田

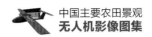

福建省南平市浦城县农田景观

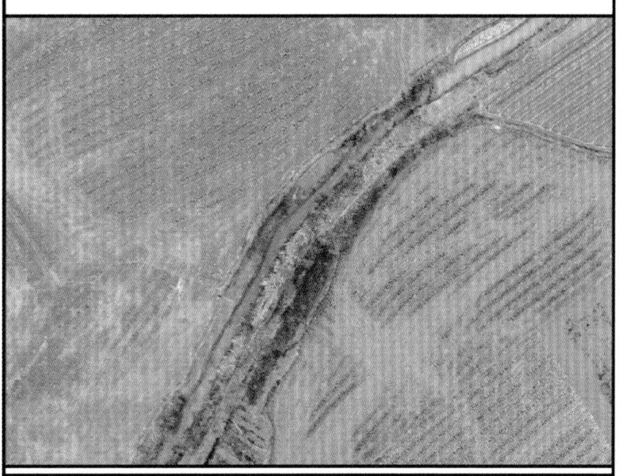

时　间　2018年1月

地　点　福建省南平市浦城县

地　形　丘陵

类　型　水田

福建省南平市浦城县农田景观

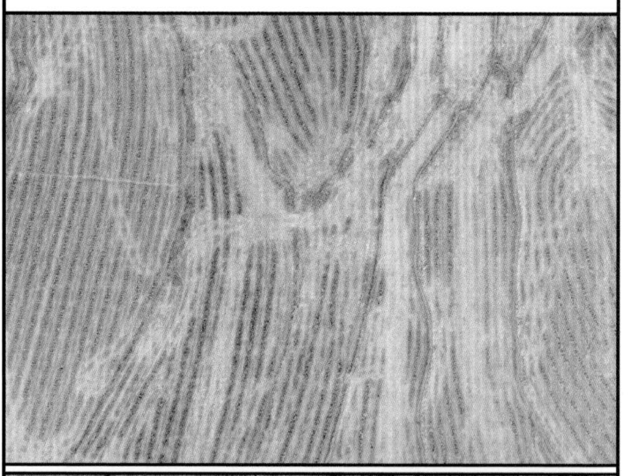

时　　间　2018年1月
地　　点　福建省南平市浦城县
地　　形　丘陵
类　　型　水田

福建省南平市浦城县农田景观

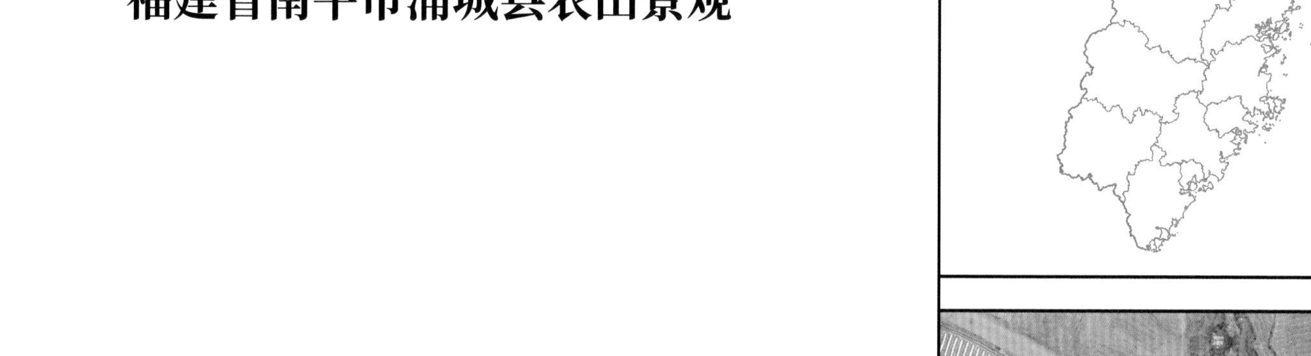

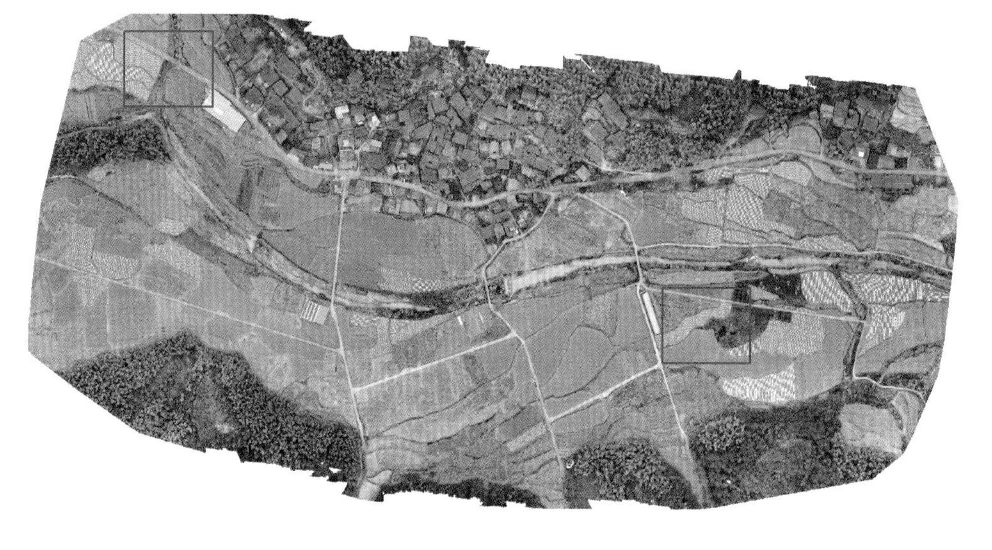

0　105　210　420
米

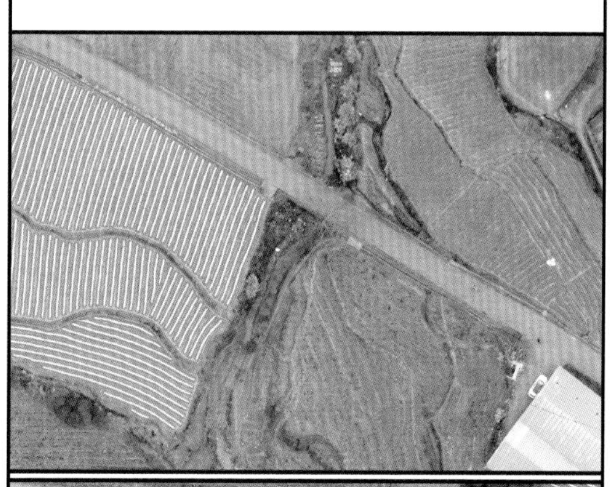

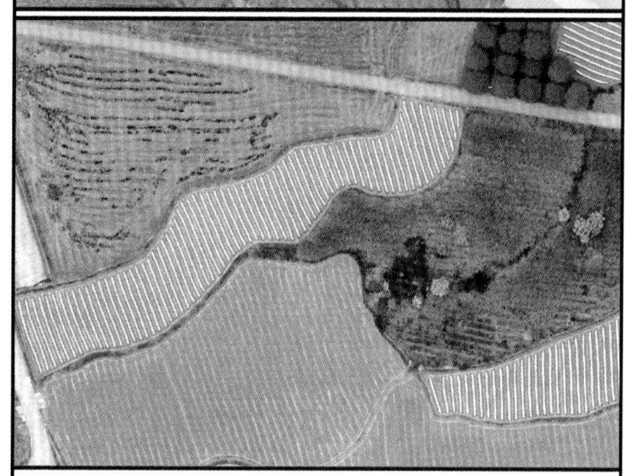

时　间　2018 年 1 月

地　点　福建省南平市浦城县

地　形　丘陵

类　型　烟草田（地膜）、水田

福建省

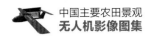

福建省南平市武夷山市农田景观

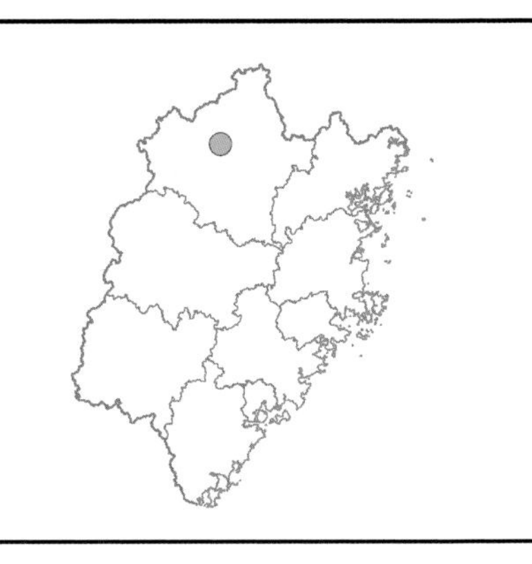

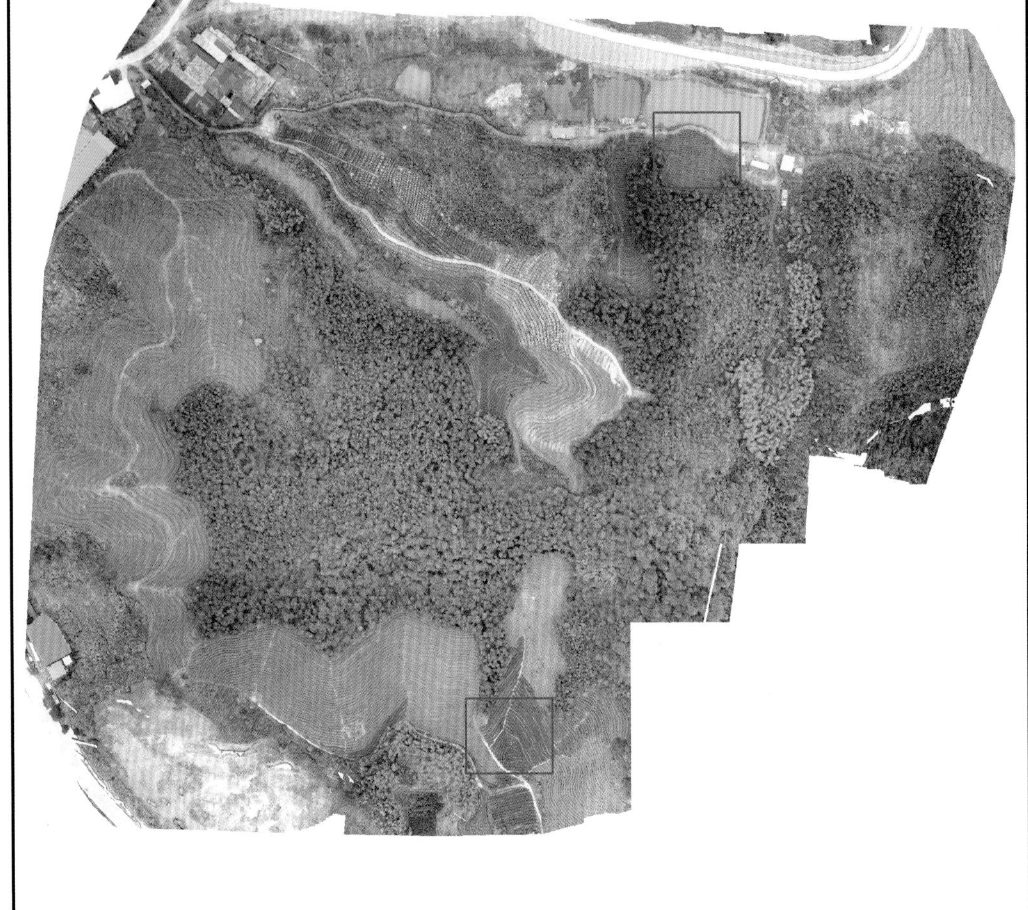

0 75 150 300
米

时　　间　2018 年 1 月
地　　点　福建省南平市
　　　　　武夷山市
地　　形　丘陵
类　　型　茶园

福建省南平市武夷山市农田景观

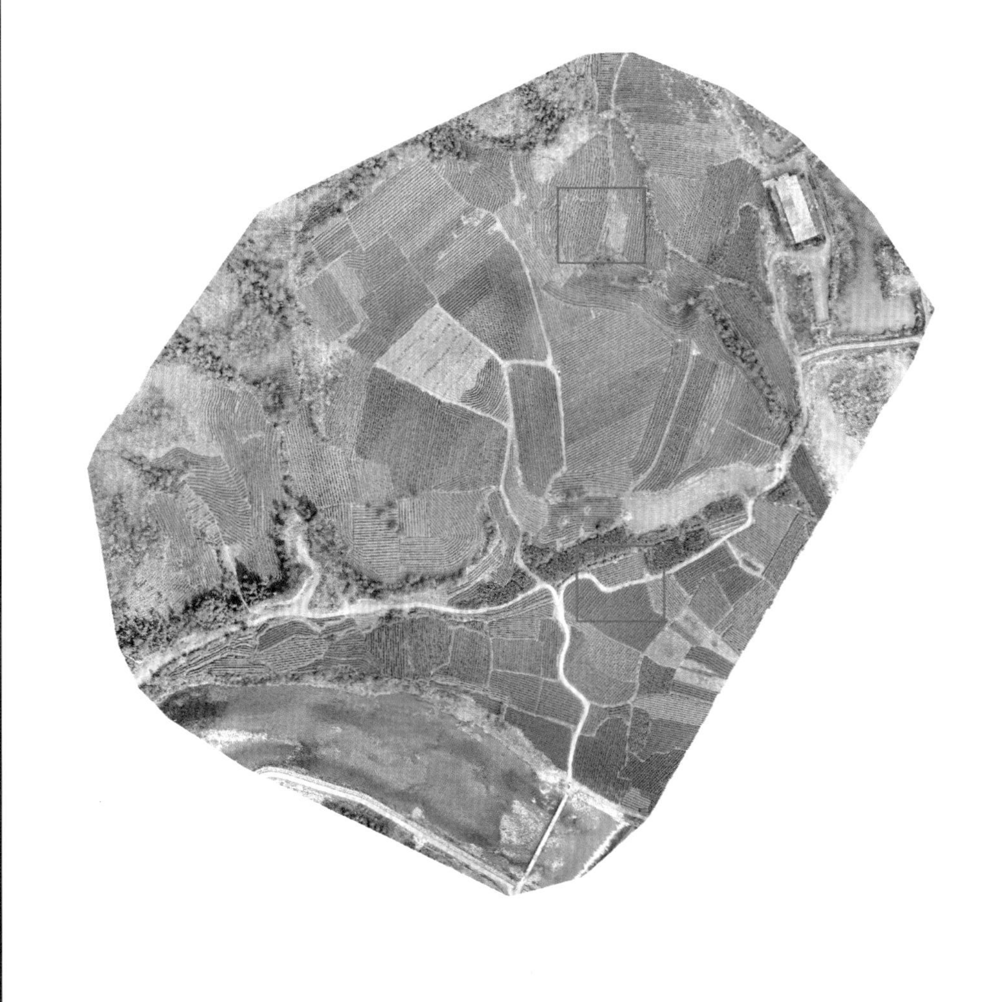

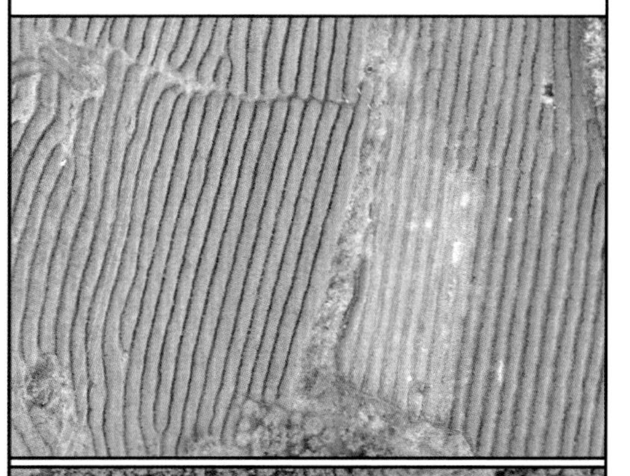

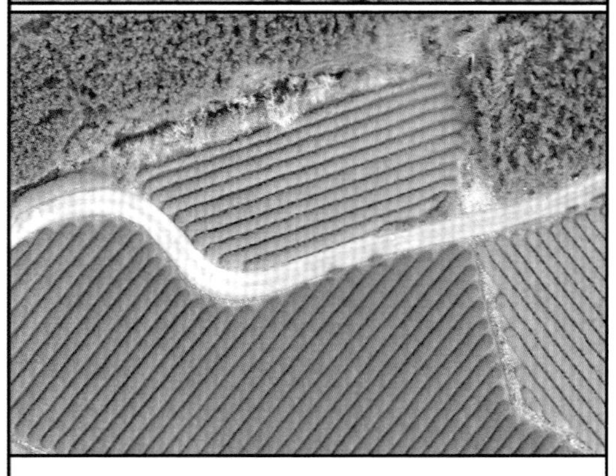

时　　间	2018年1月
地　　点	福建省南平市武夷山市
地　　形	丘陵
类　　型	茶园

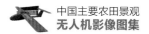

福建省南平市武夷山市农田景观

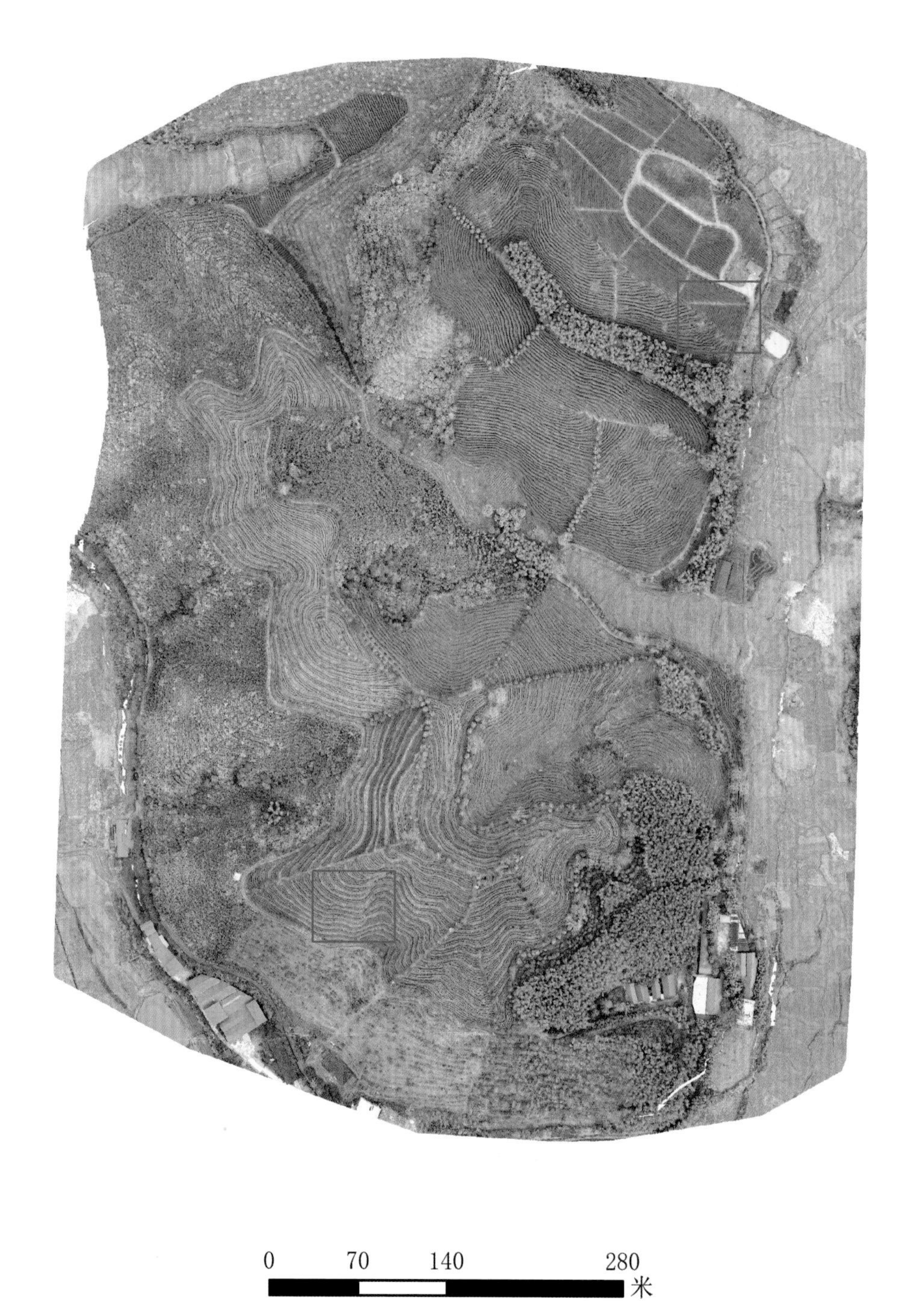

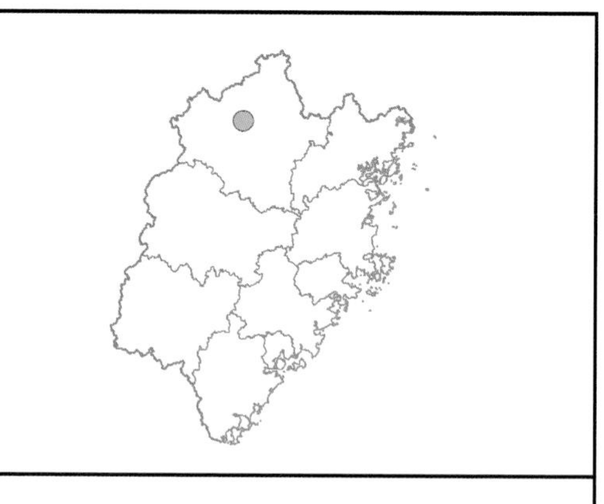

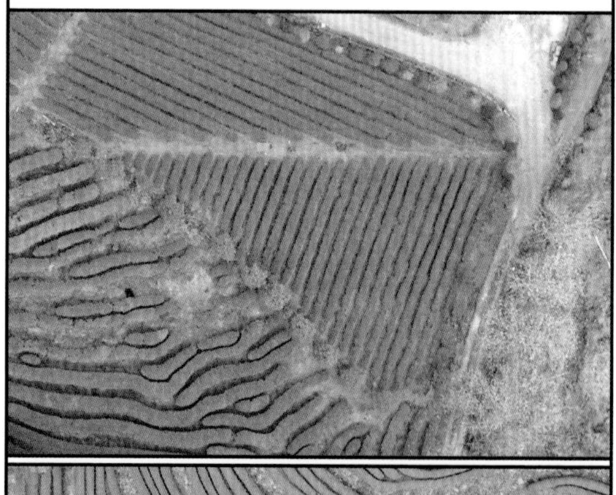

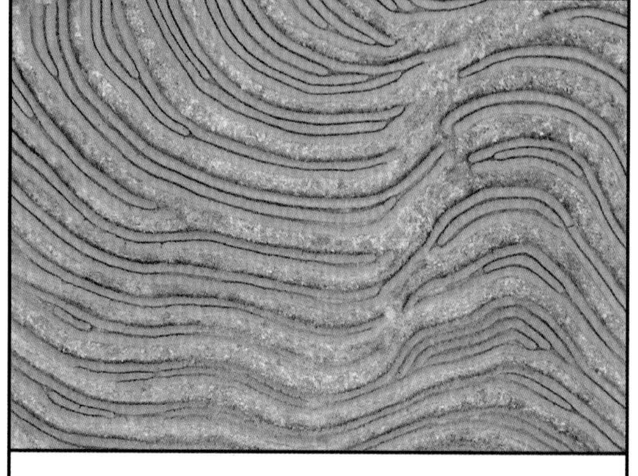

时　间　2018 年 1 月
地　点　福建省南平市武夷山市
地　形　丘陵
类　型　茶园

海南省万宁市农田景观

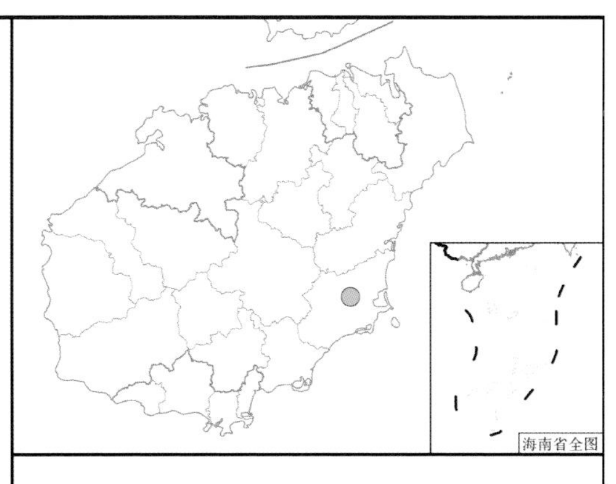

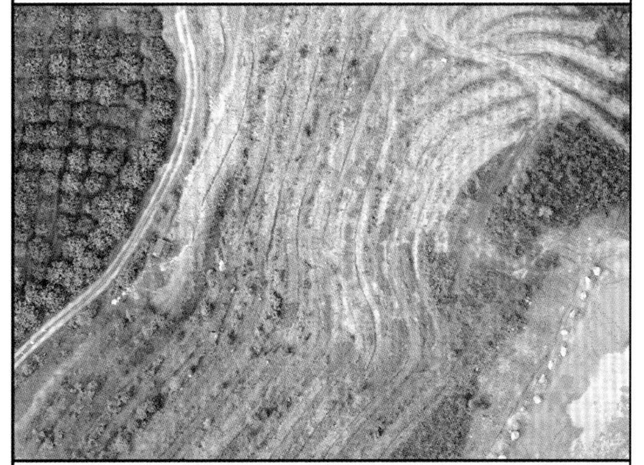

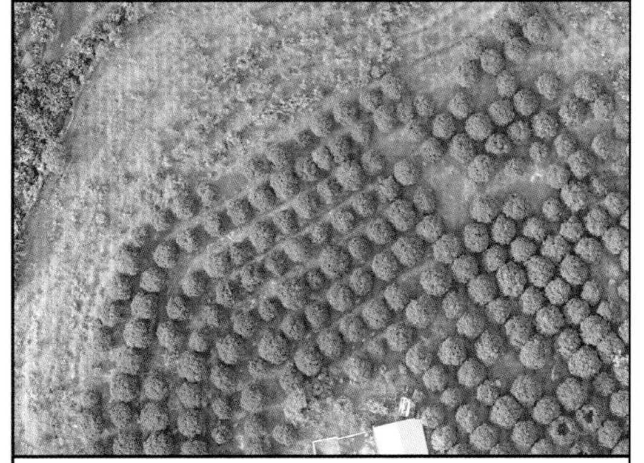

时　间　2017年11月
地　点　海南省万宁市
地　形　丘陵
类　型　槟榔园

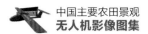

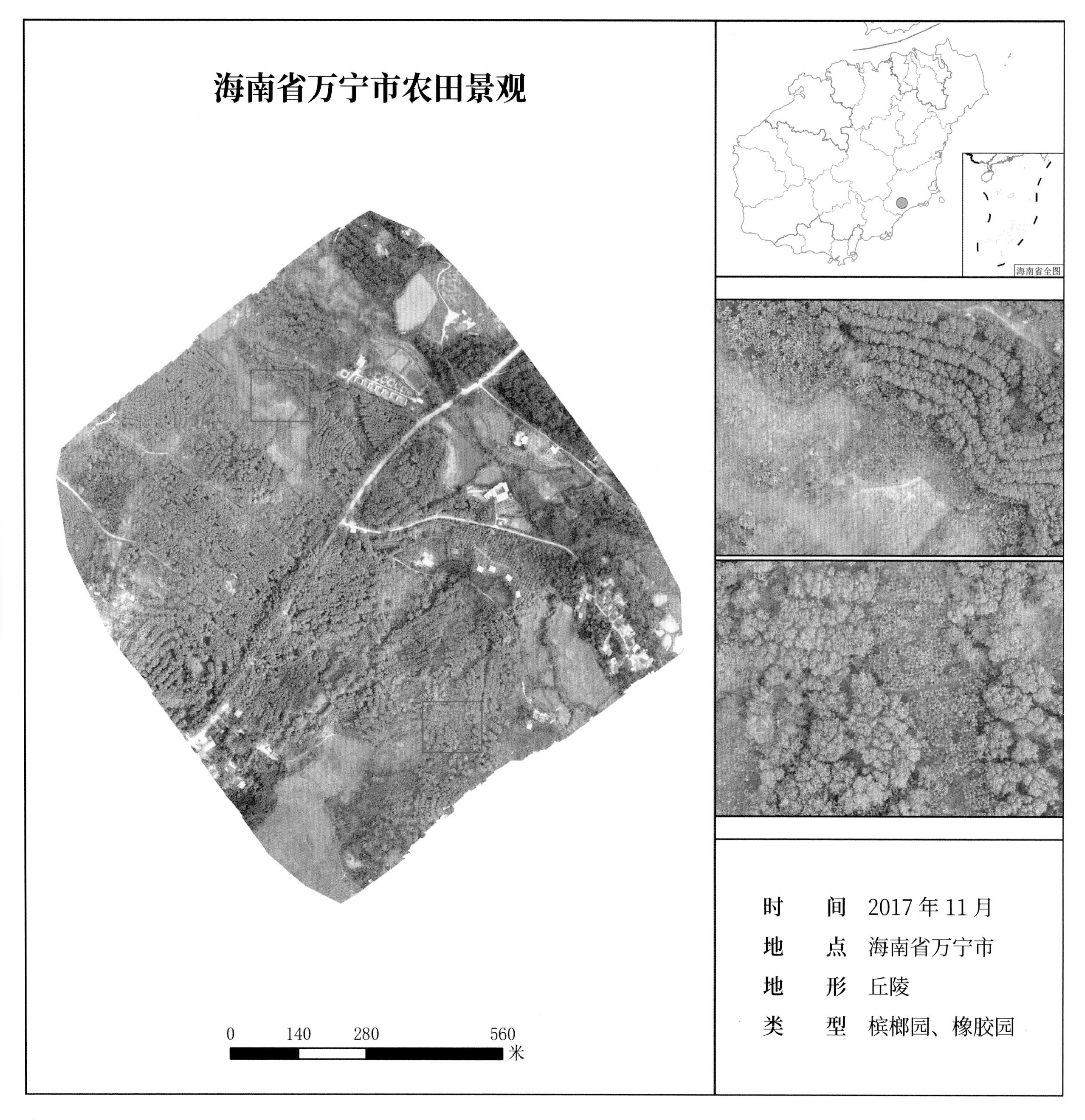
海南省万宁市农田景观
0
140
280
560
米
海南省全图
时 间 2017年11月
地 点 海南省万宁市
地 形 丘陵
类 型 槟榔园、橡胶园

海南省万宁市农田景观

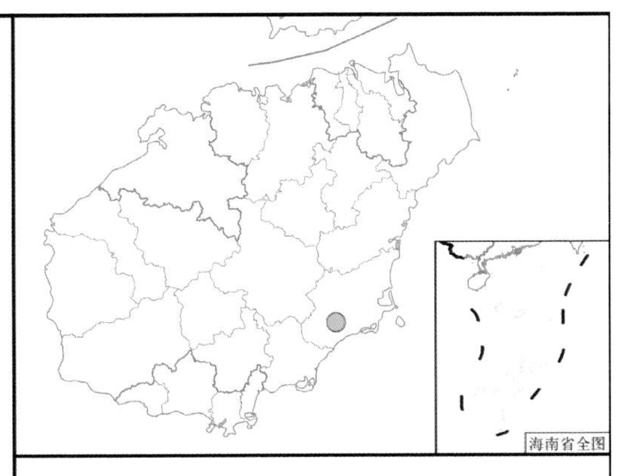

时　　间　2017年11月

地　　点　海南省万宁市

地　　形　丘陵

类　　型　香蕉园、槟榔园

海南省万宁市农田景观

0 95 190 380 米

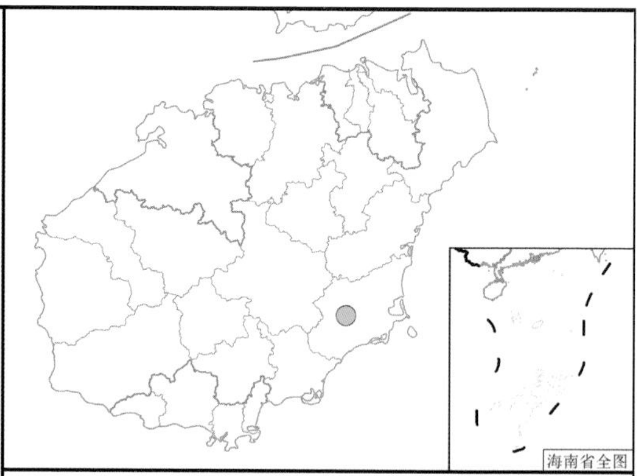

海南省全图

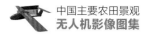

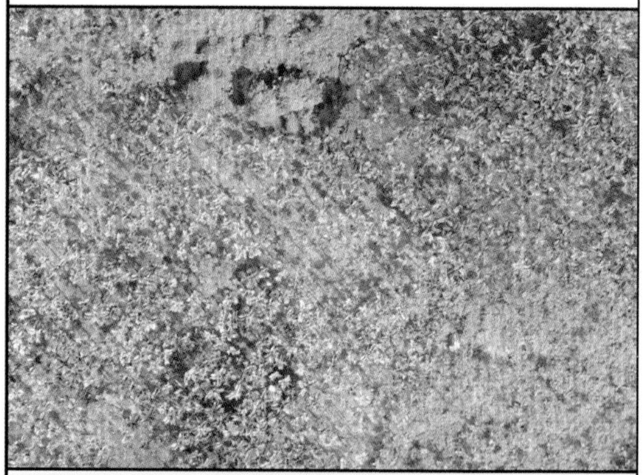

时 间	2017年11月
地 点	海南省万宁市
地 形	丘陵
类 型	槟榔园

海南省万宁市农田景观

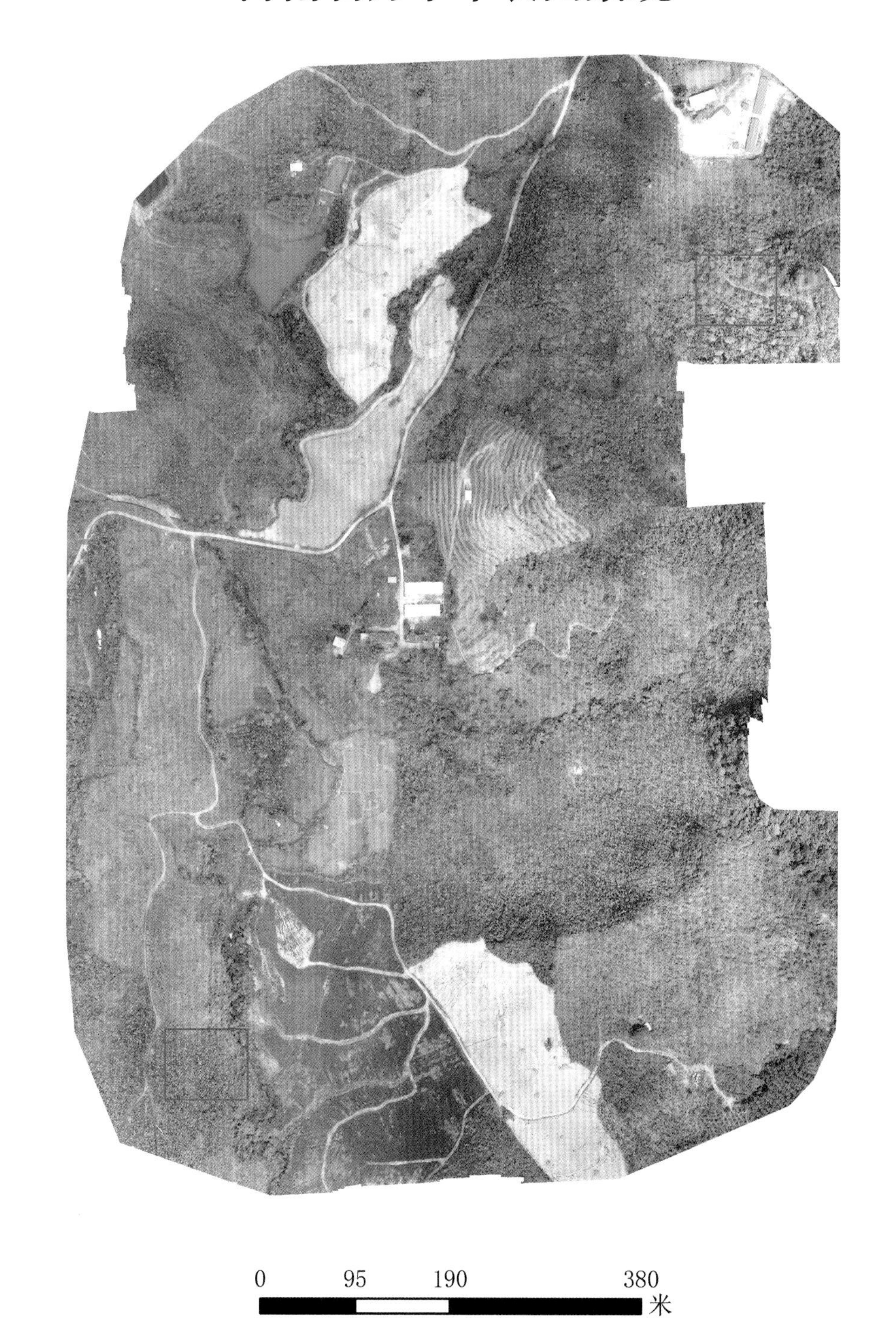

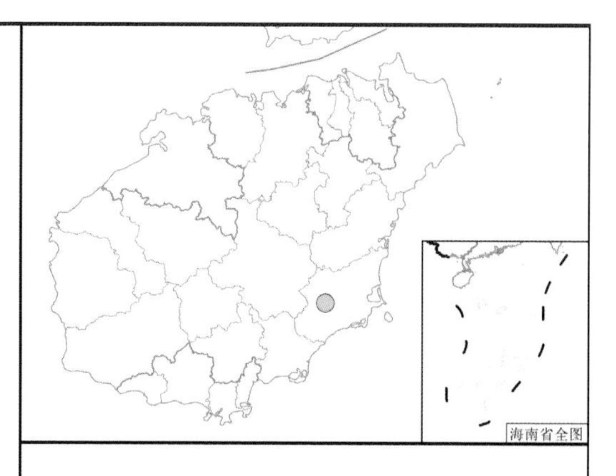

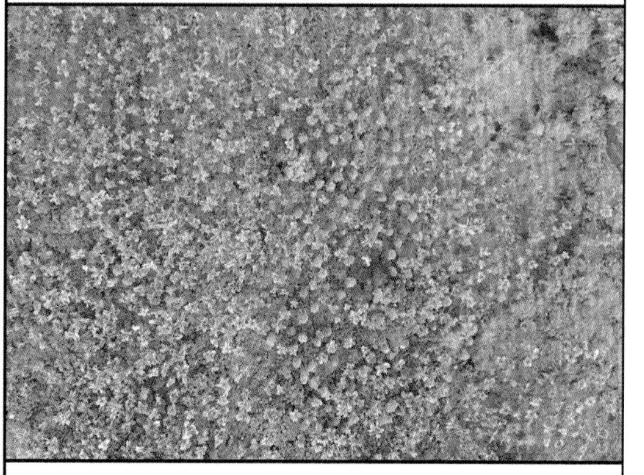

时　　间　2017年11月
地　　点　海南省万宁市
地　　形　丘陵
类　　型　槟榔园

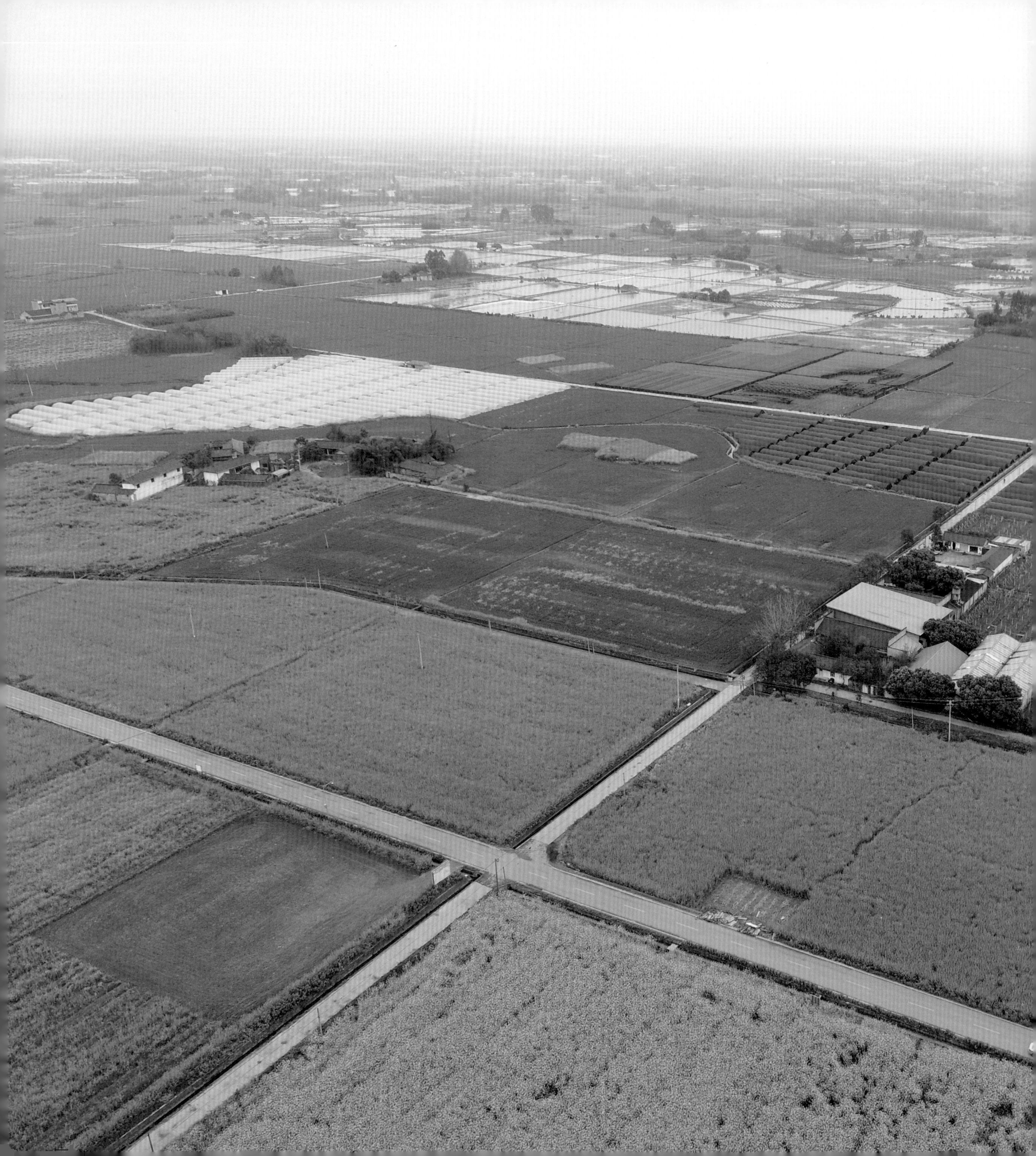

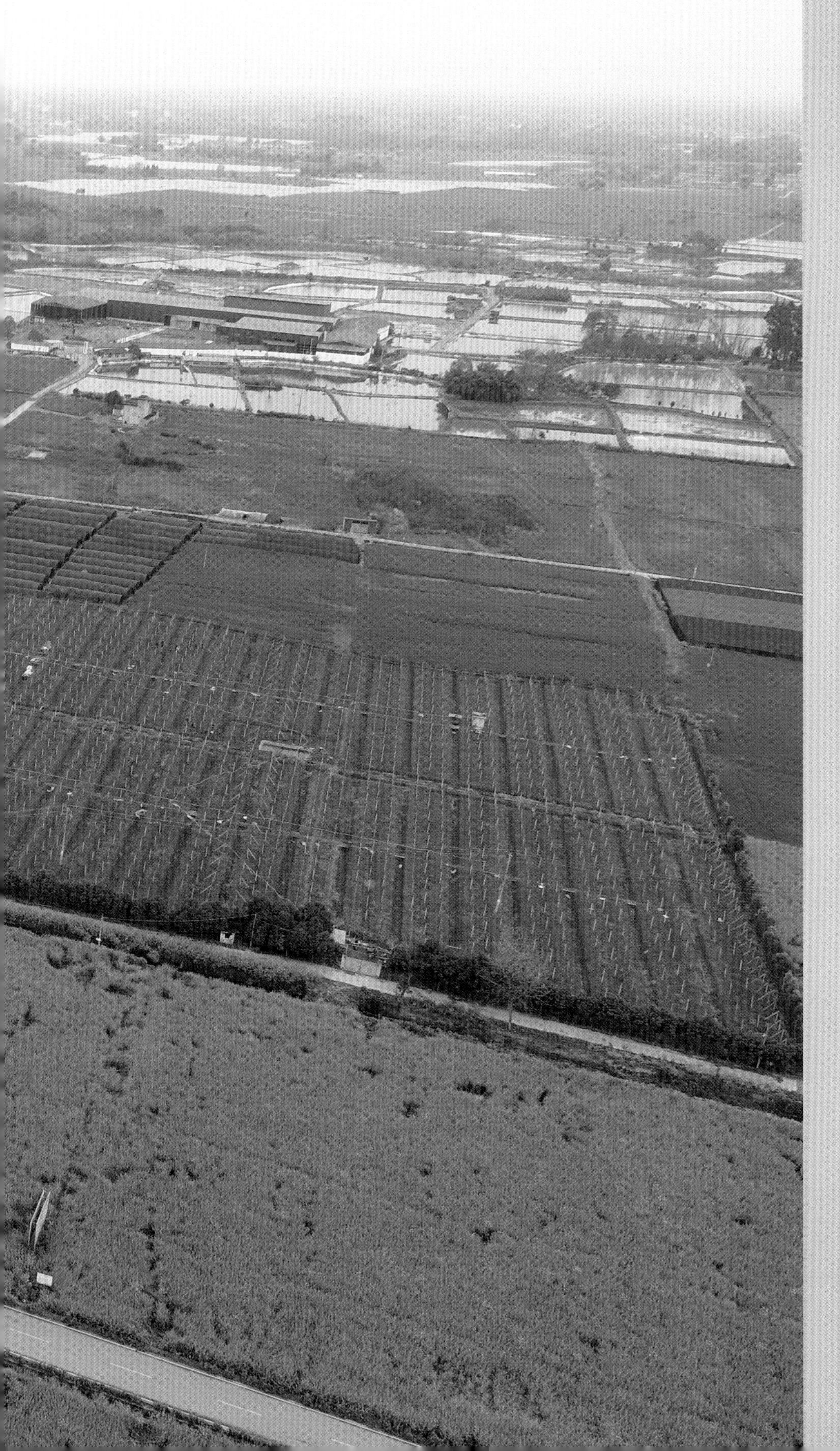

西南篇

包括重庆市、四川省、贵州省、云南省、西藏自治区，主要种植水稻、油菜、小麦等多种作物，本区畦沟规则分布、地块较平整，共收集影像 13 景。

西南				
重庆	四川	贵州	云南	西藏
1	10		2	

重庆市潼南区农田景观

0 95 190 380
米

时　间　2019 年 3 月
地　点　重庆市潼南区
地　形　平原
类　型　冬小麦田、油菜田

重庆市

四川省成都市邛崃市农田景观

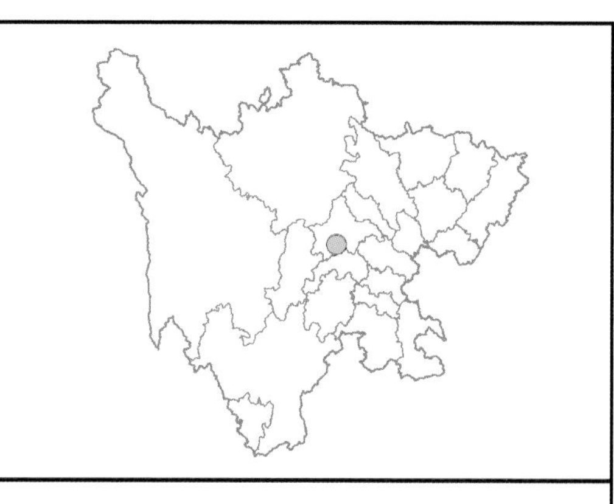

时　间　2019 年 3 月
地　点　四川省成都市邛崃市
地　形　平原
类　型　油菜田、冬小麦田

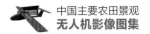

四川省德阳市中江县农田景观

0 115 230 460 米

时　间　2019年3月
地　点　四川省德阳市中江县
地　形　平原
类　型　油菜田、冬小麦田

四川省德阳市什邡市农田景观

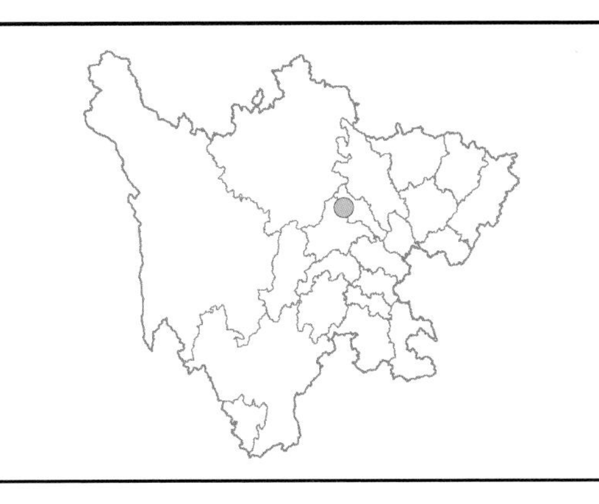

时　　间　2019 年 3 月

地　　点　四川省德阳市什邡市

地　　形　平原

类　　型　油菜田、冬小麦田

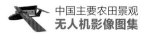

四川省绵阳市江油市农田景观

0　110　220　440
米

时　间	2019 年 3 月
地　点	四川省绵阳市江油市
地　形	平原
类　型	油菜田、冬小麦田

四川省绵阳市三台县农田景观

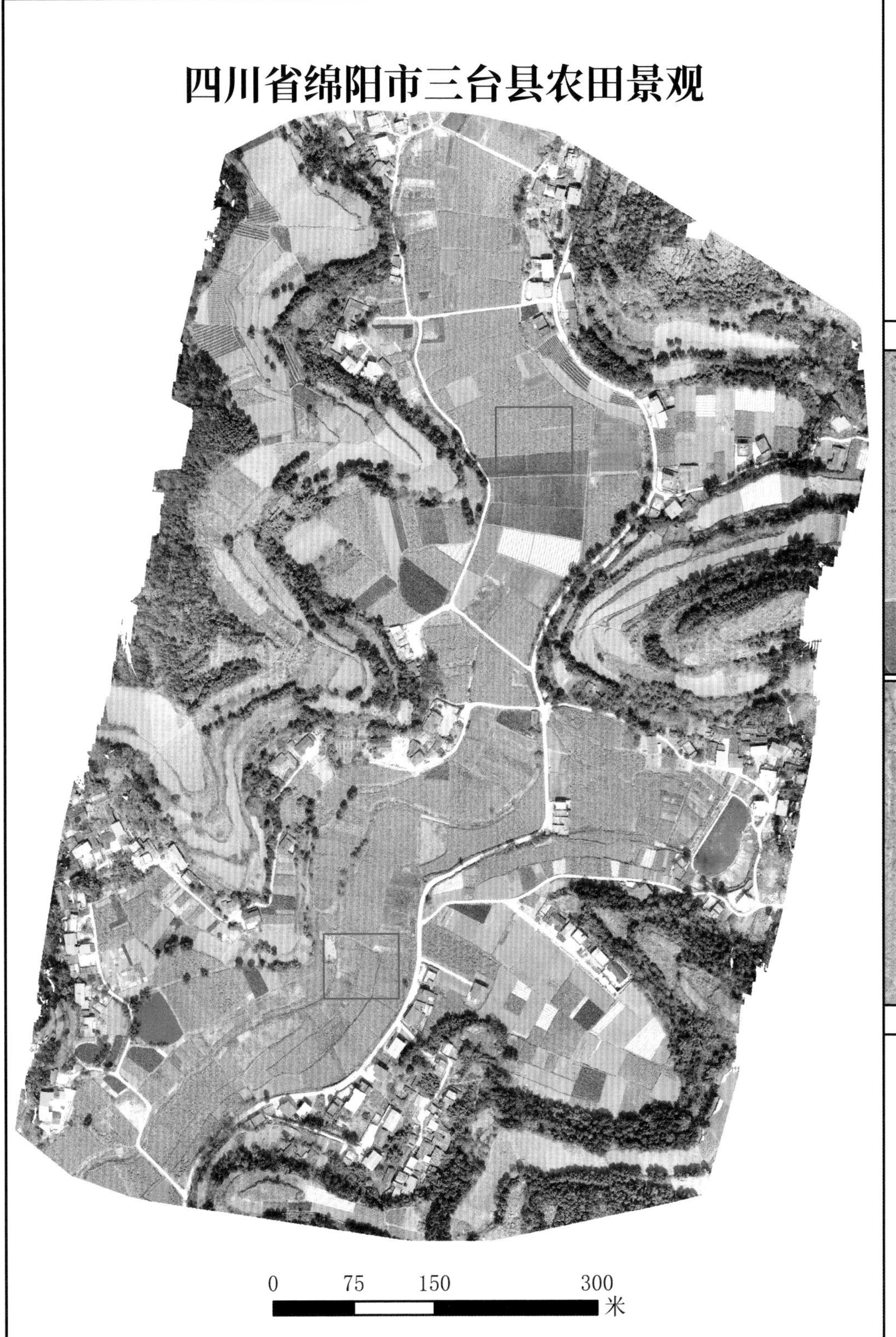

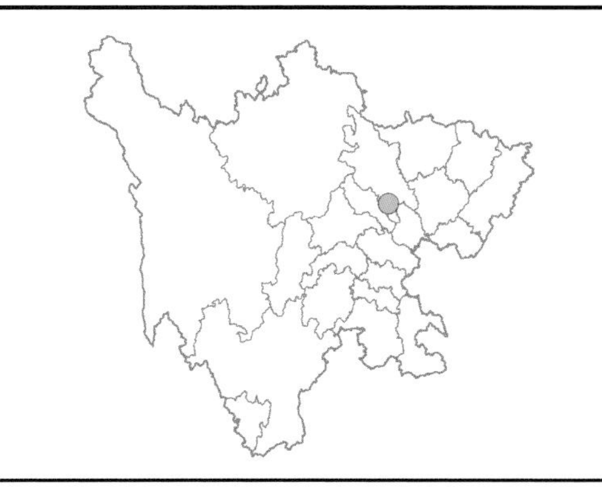

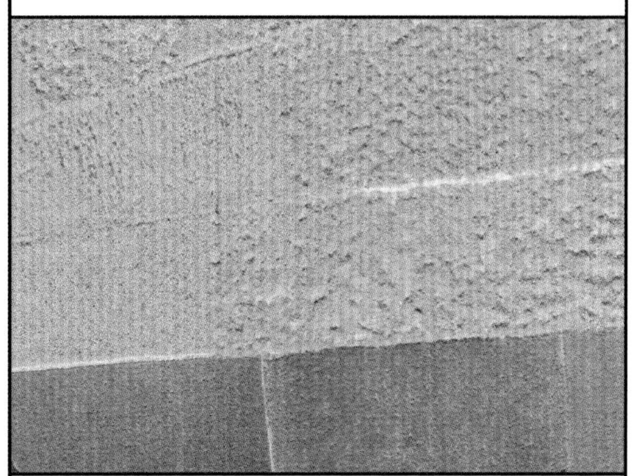

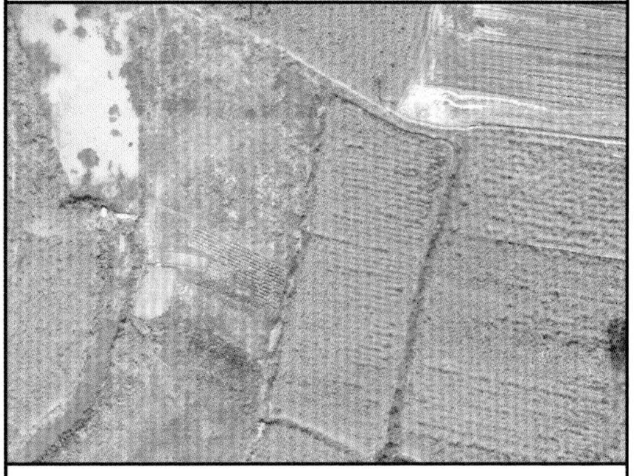

时　间　2019 年 3 月

地　点　四川省绵阳市三台县

地　形　平原

类　型　油菜田、冬小麦田

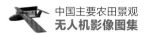

四川省绵阳市游仙区农田景观

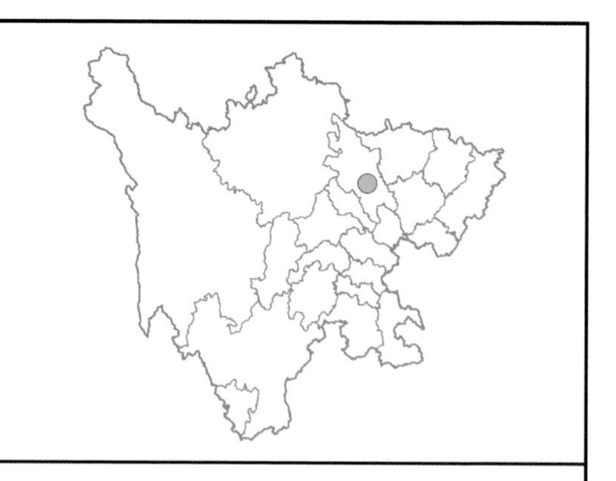

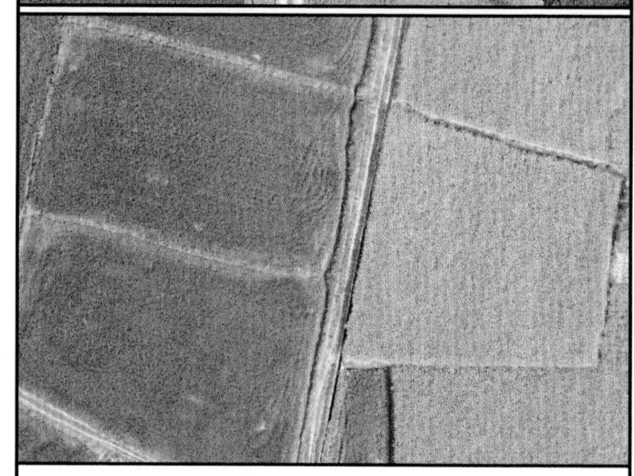

时　间　2019 年 3 月
地　点　四川省绵阳市游仙区
地　形　平原
类　型　油菜田、冬小麦田

四川省绵阳市安州区农田景观

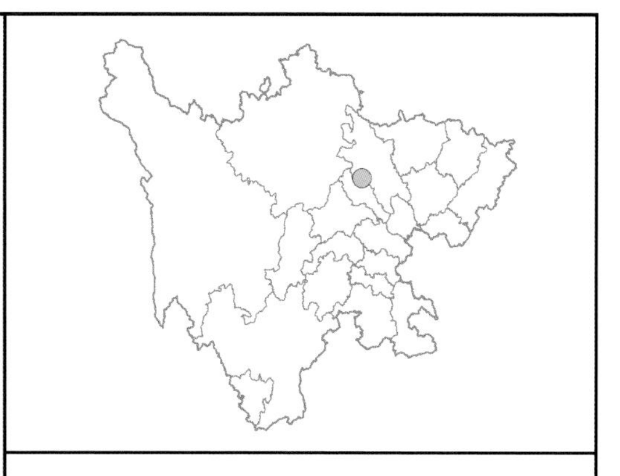

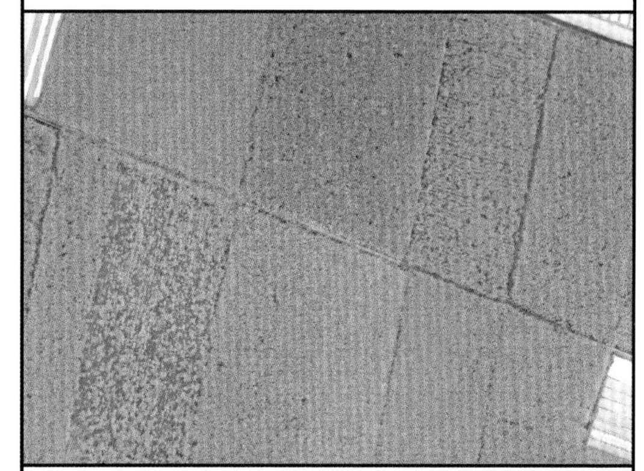

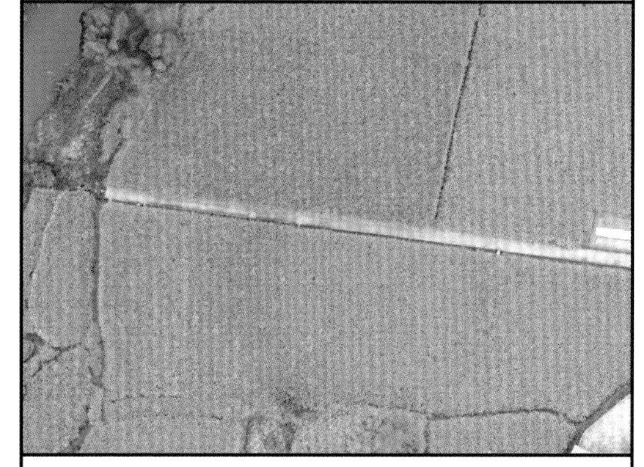

时　　间　2019 年 3 月
地　　点　四川省绵阳市安州区
地　　形　平原
类　　型　油菜田

四川省眉山市仁寿县农田景观

0 95 190 380
米

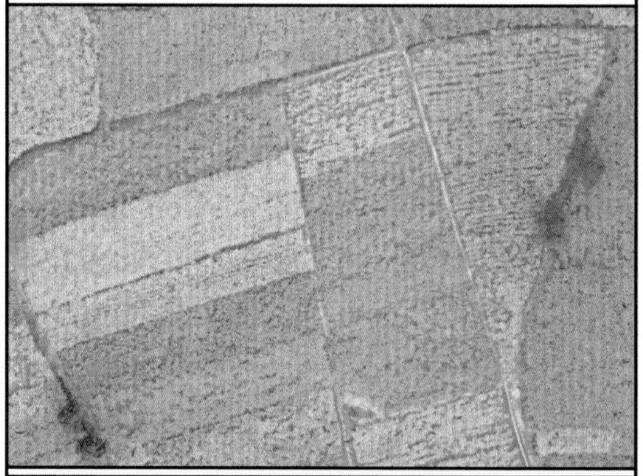

时　　间　2019 年 3 月
地　　点　四川省眉山市仁寿县
地　　形　平原
类　　型　油菜田、冬小麦田

四川省

四川省资阳市雁江区农田景观

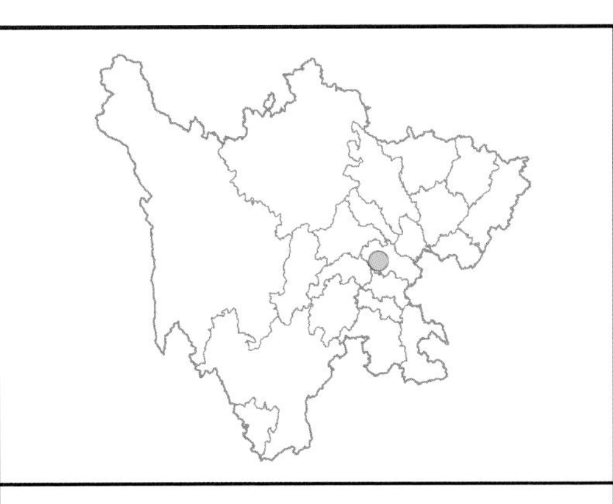

时　　间　2019 年 3 月

地　　点　四川省资阳市雁江区

地　　形　平原

类　　型　油菜田、冬小麦田

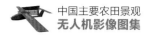

四川省达州市宣汉县农田景观

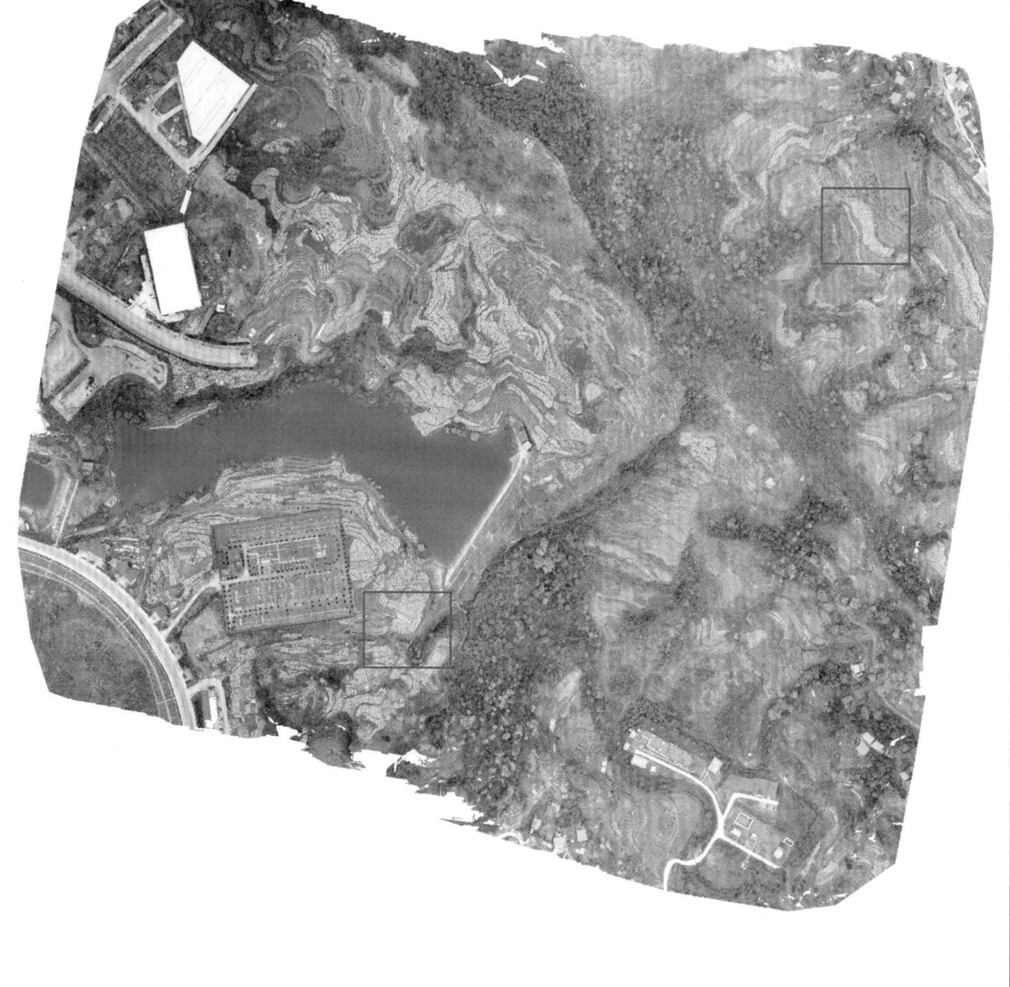

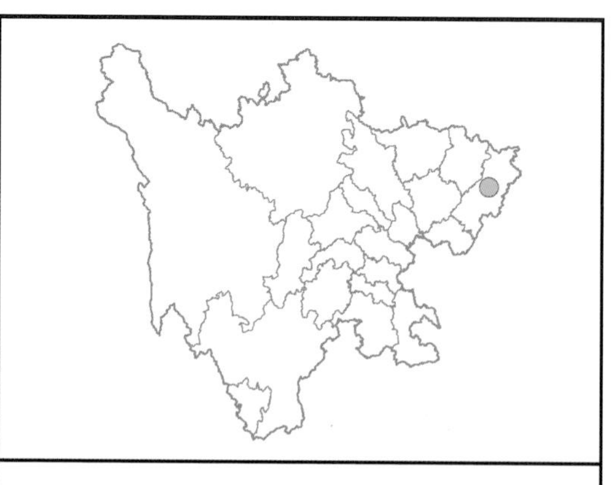

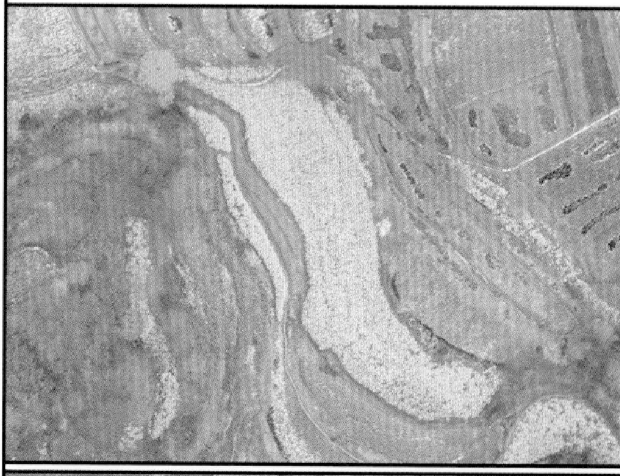

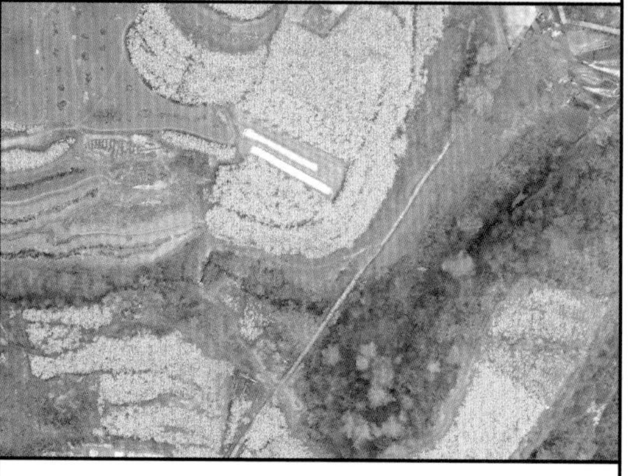

时　间　2019年3月
地　点　四川省达州市宣汉县
地　形　丘陵
类　型　油菜田

云南省玉溪市江川区农田景观

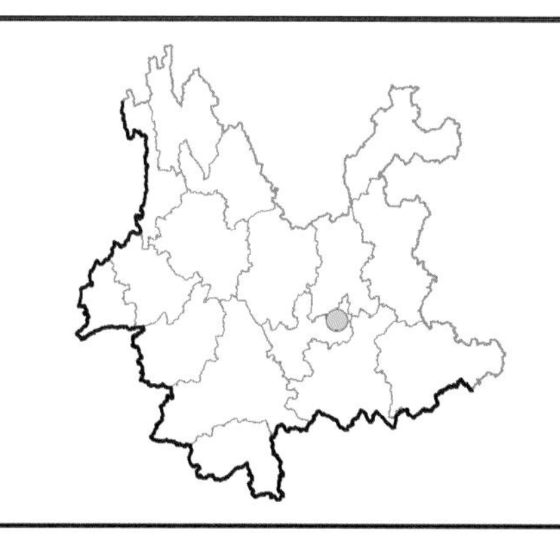

时　　间　2019年3月
地　　点　云南省玉溪市江川县
地　　形　平原
类　　型　油菜田、冬小麦田、蔬菜田（地膜）

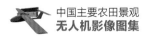

云南省玉溪市通海县农田景观

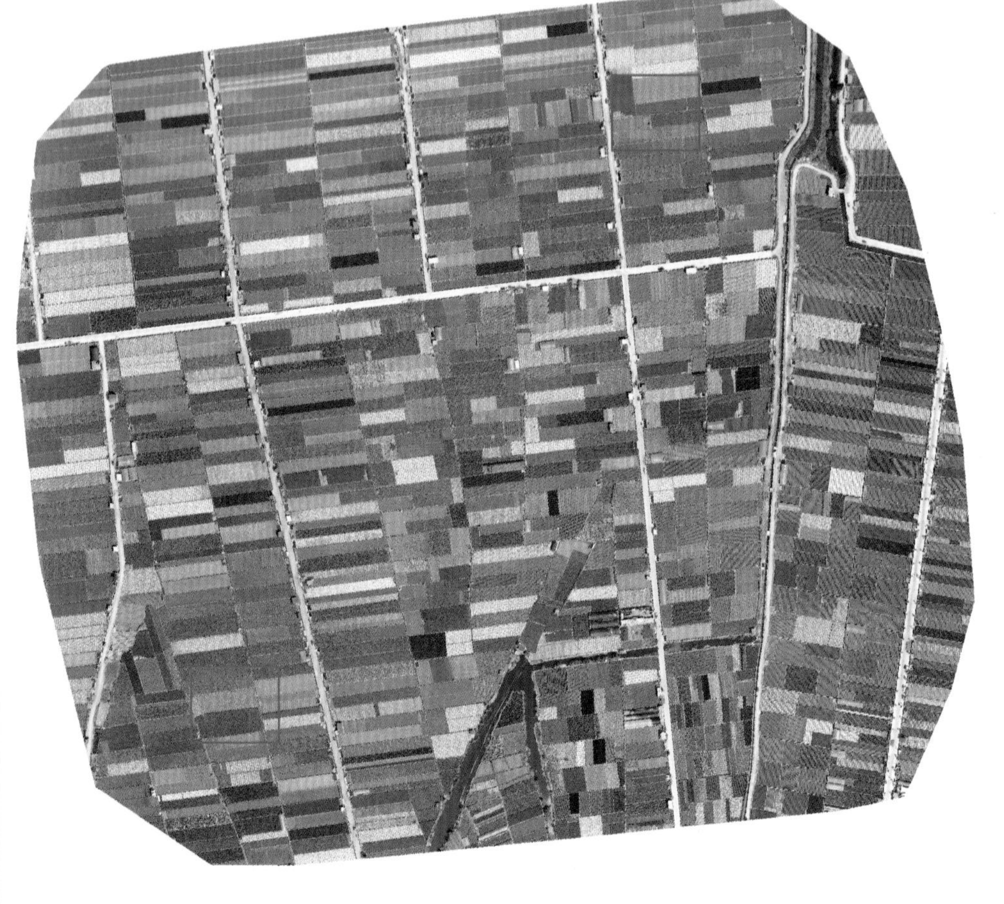

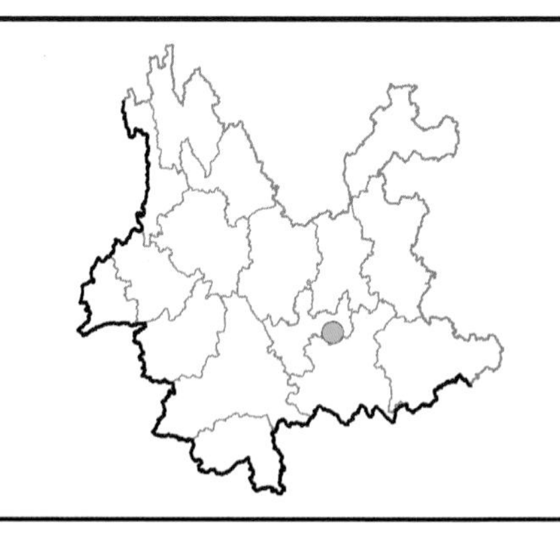

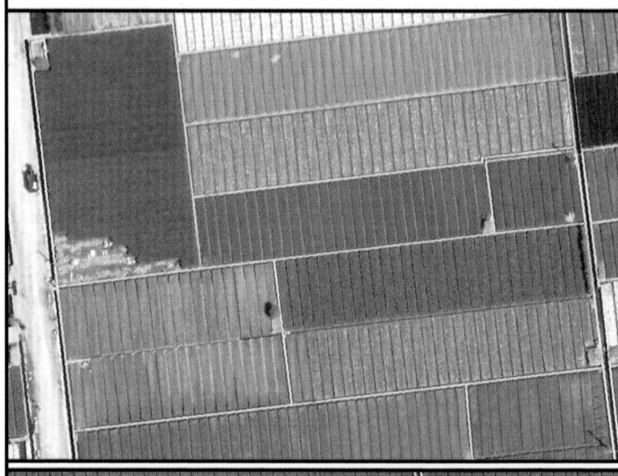

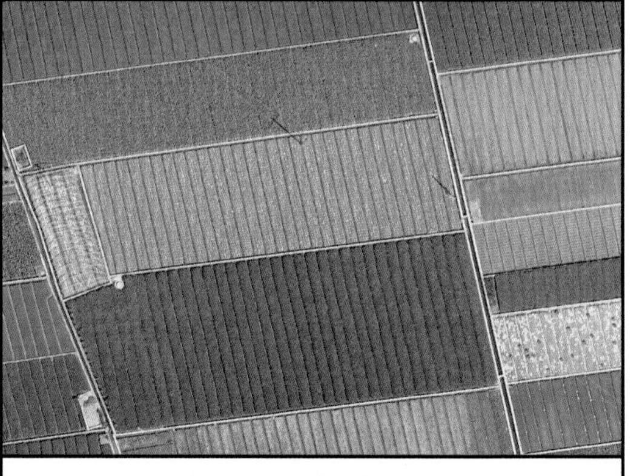

时　间　2019年3月
地　点　云南省玉溪市通海县
地　形　平原
类　型　油菜田、冬小麦田、蔬菜田

西北篇

包括陕西省、甘肃省、青海省、宁夏回族自治区、新疆维吾尔自治区，主要种植玉米、小麦等，多种植特色经济作物，本区垄畦规则分布、边界明显，共收集影像 14 景。

西 北				
陕西	甘肃	青海	宁夏	新疆
4		8		2

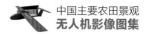

陕西省咸阳市杨凌区农田景观

时　间	2013 年 7 月
地　点	陕西省咸阳市杨凌区
地　形	平原
类　型	果园、玉米田、花生田、蔬菜大棚、蔬菜田（露地）

陕西省

陕西省宝鸡市眉县农田景观

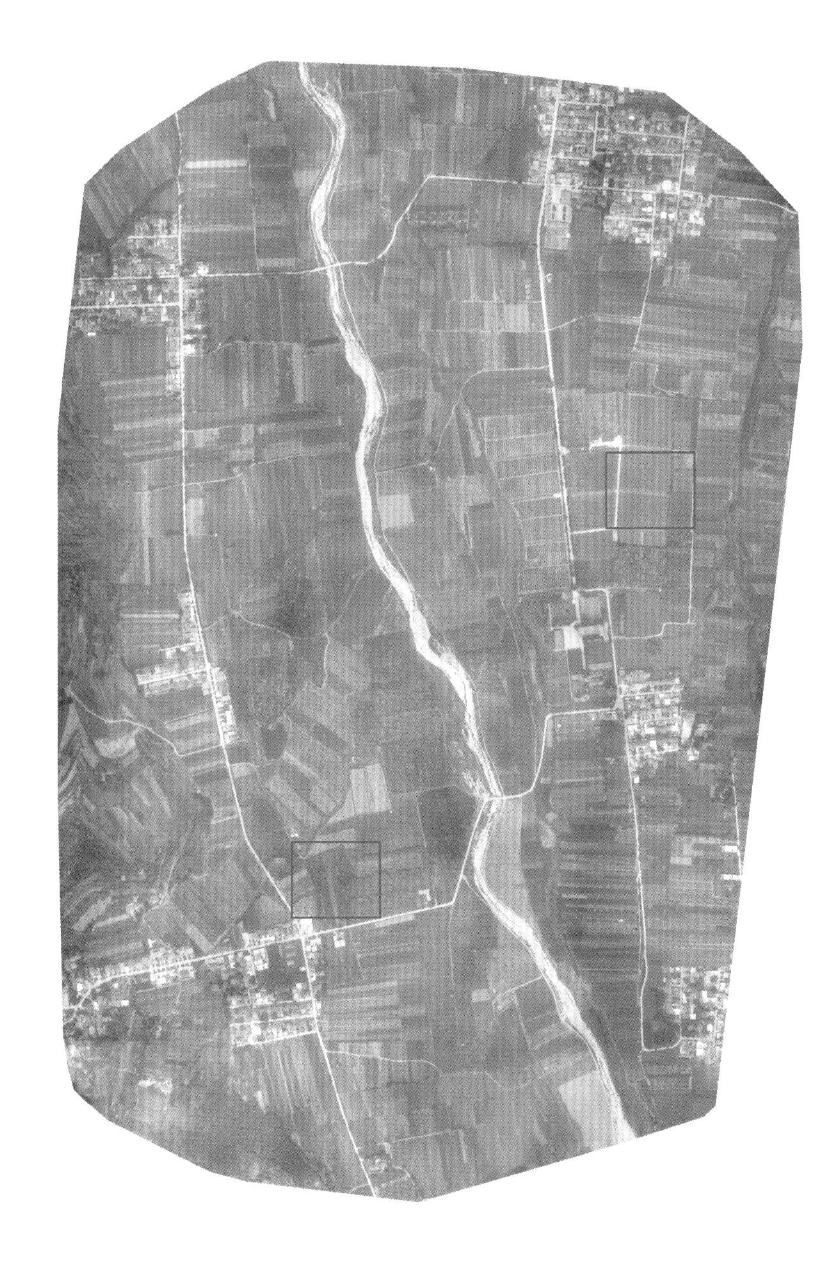

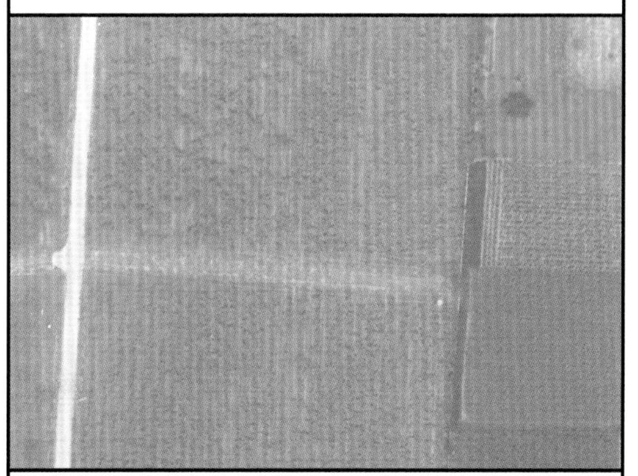

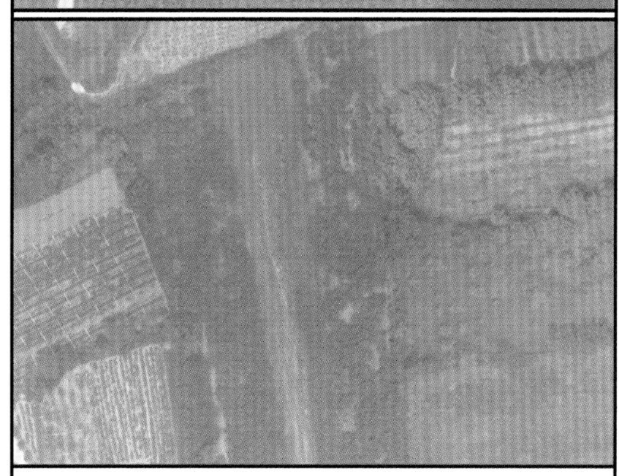

时　间	2013年8月
地　点	陕西省宝鸡市眉县
地　形	平原
类　型	果树园、玉米田、花生田

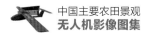

陕西省宝鸡市扶风县农田景观

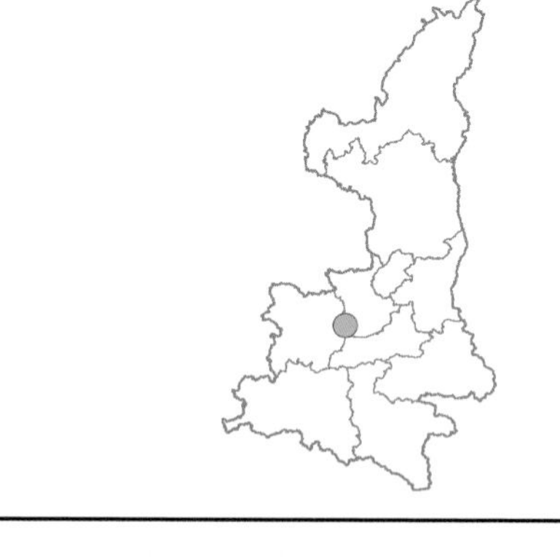

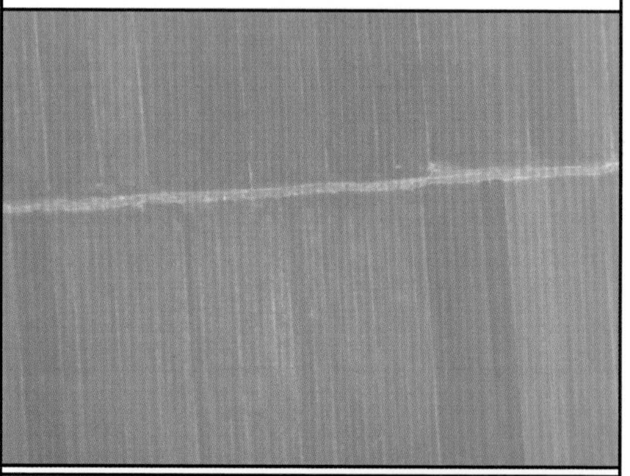

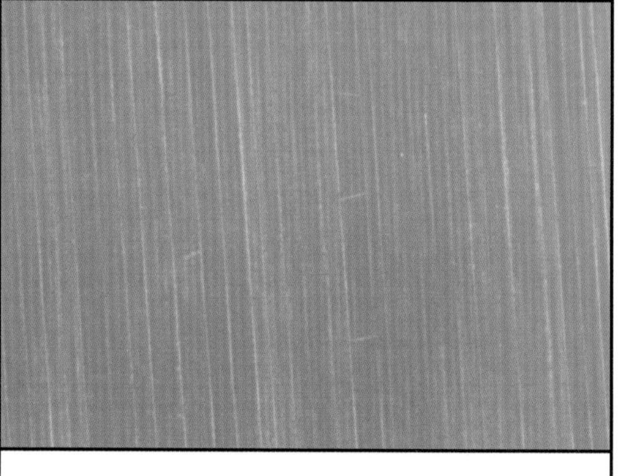

0 155 310 620 米

时　间　2013年4月

地　点　陕西省宝鸡市扶风县

地　形　平原

类　型　冬小麦田

陕西省

陕西省汉中市南郑区农田景观

时　间　2019 年 3 月
地　点　陕西省汉中市南郑区
地　形　平原
类　型　冬小麦田、油菜田

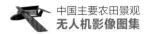

青海省海北藏族自治州刚察县农田景观

0 105 210 420
米

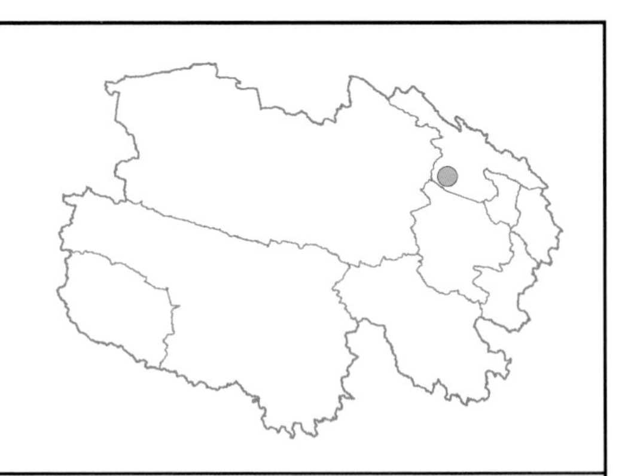

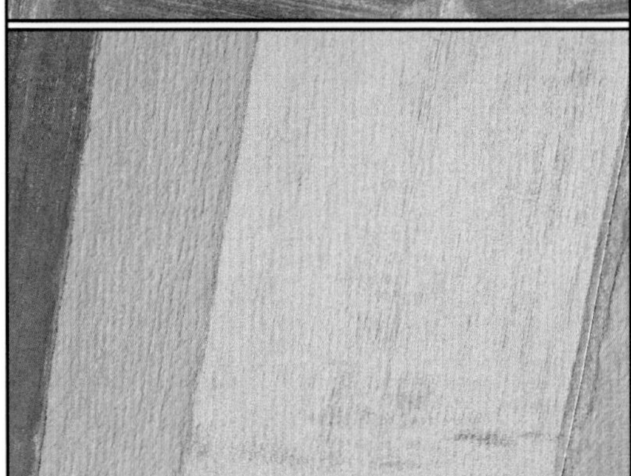

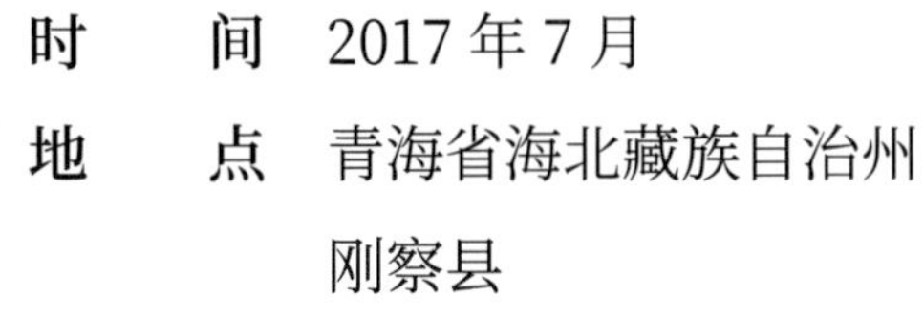

时　　间　2017 年 7 月

地　　点　青海省海北藏族自治州刚察县

地　　形　高原

类　　型　小麦田、油菜田

青海省海北藏族自治州门源回族自治县农田景观

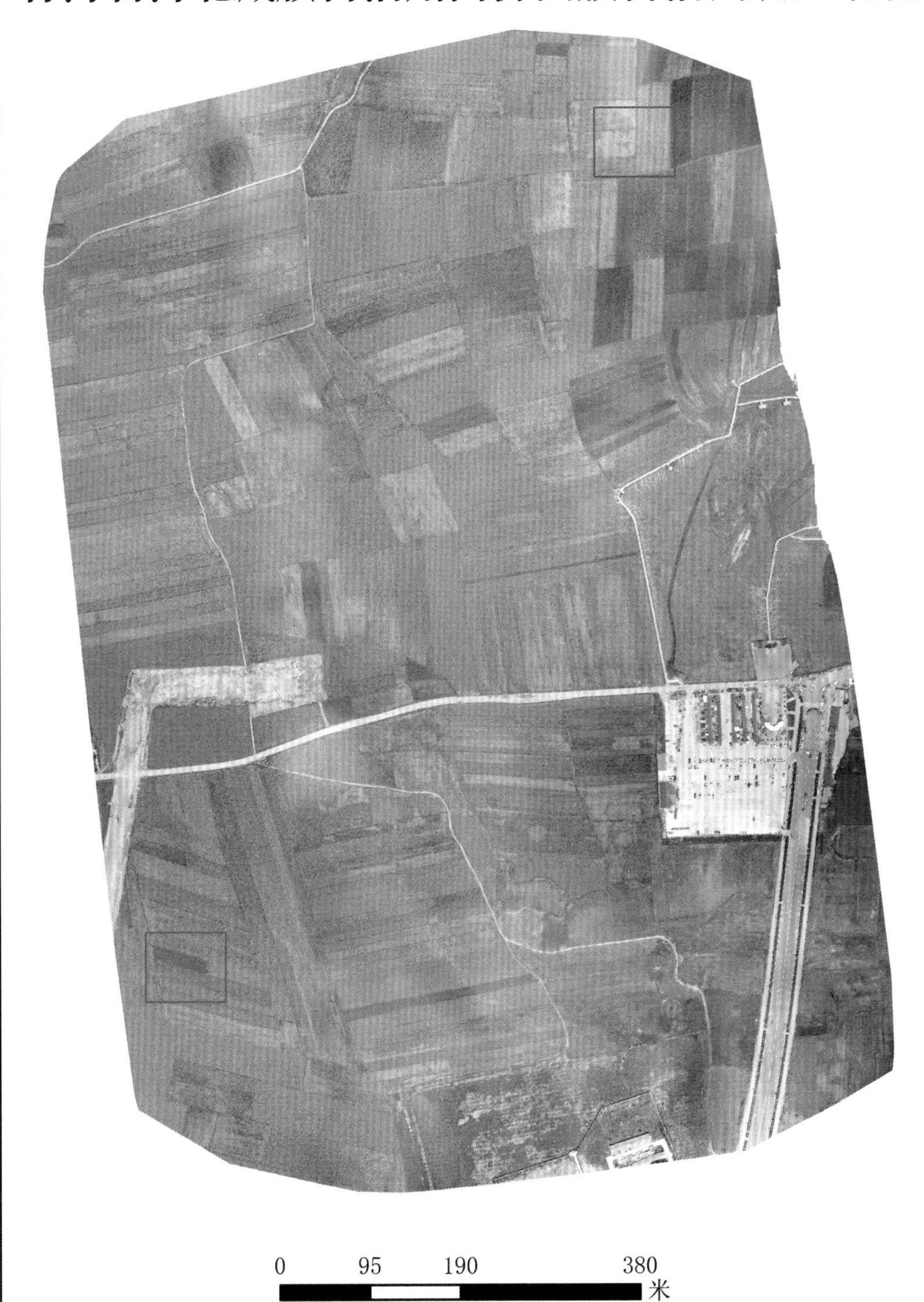

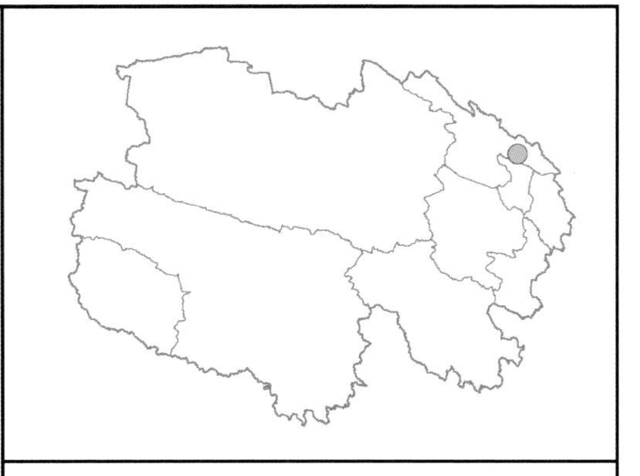

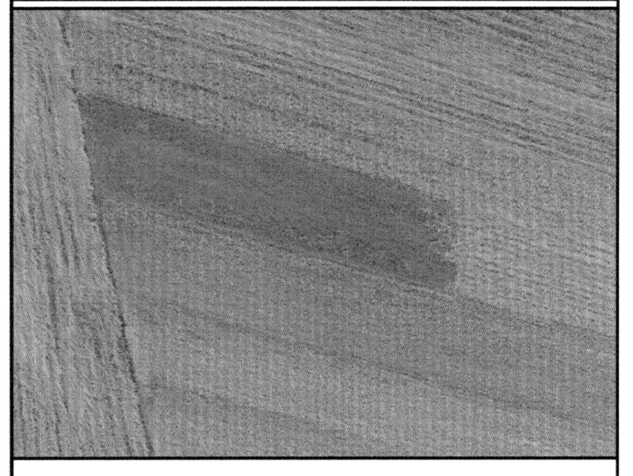

时　　间	2017 年 7 月
地　　点	青海省海北藏族自治州门源回族自治县
地　　形	高原
类　　型	油菜田、小麦田

青海省

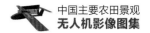

青海省海南藏族自治州共和县农田景观

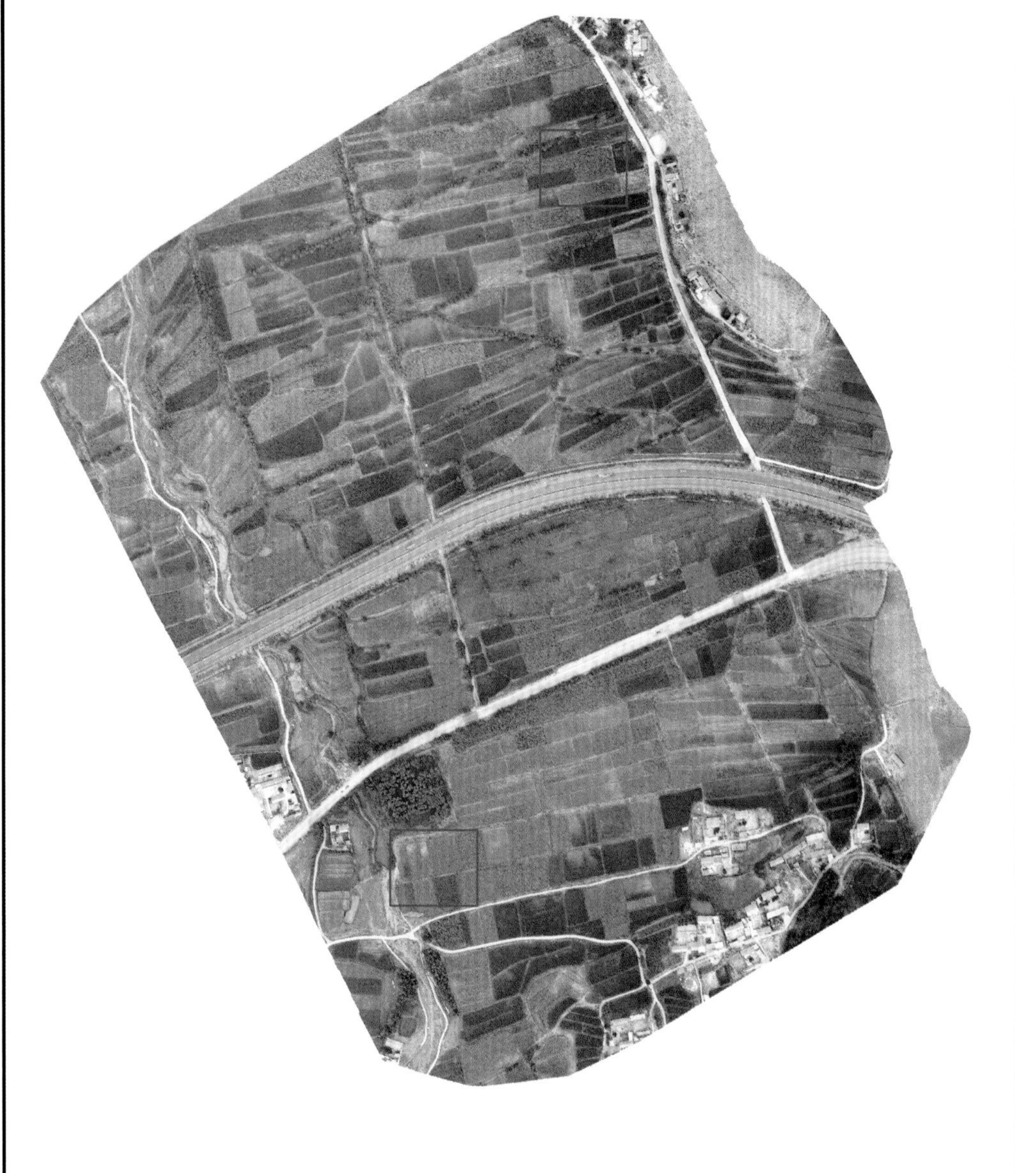

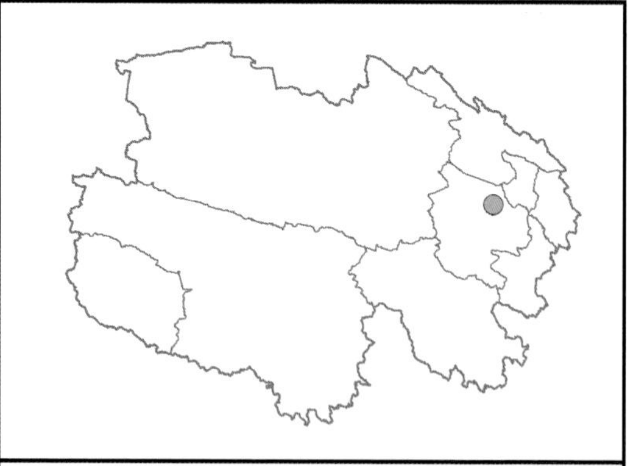

时　间　2017 年 7 月
地　点　青海省海南藏族自治州共和县
地　形　高原
类　型　油菜田、青稞田、豌豆田

青海省海南藏族自治州共和县农田景观

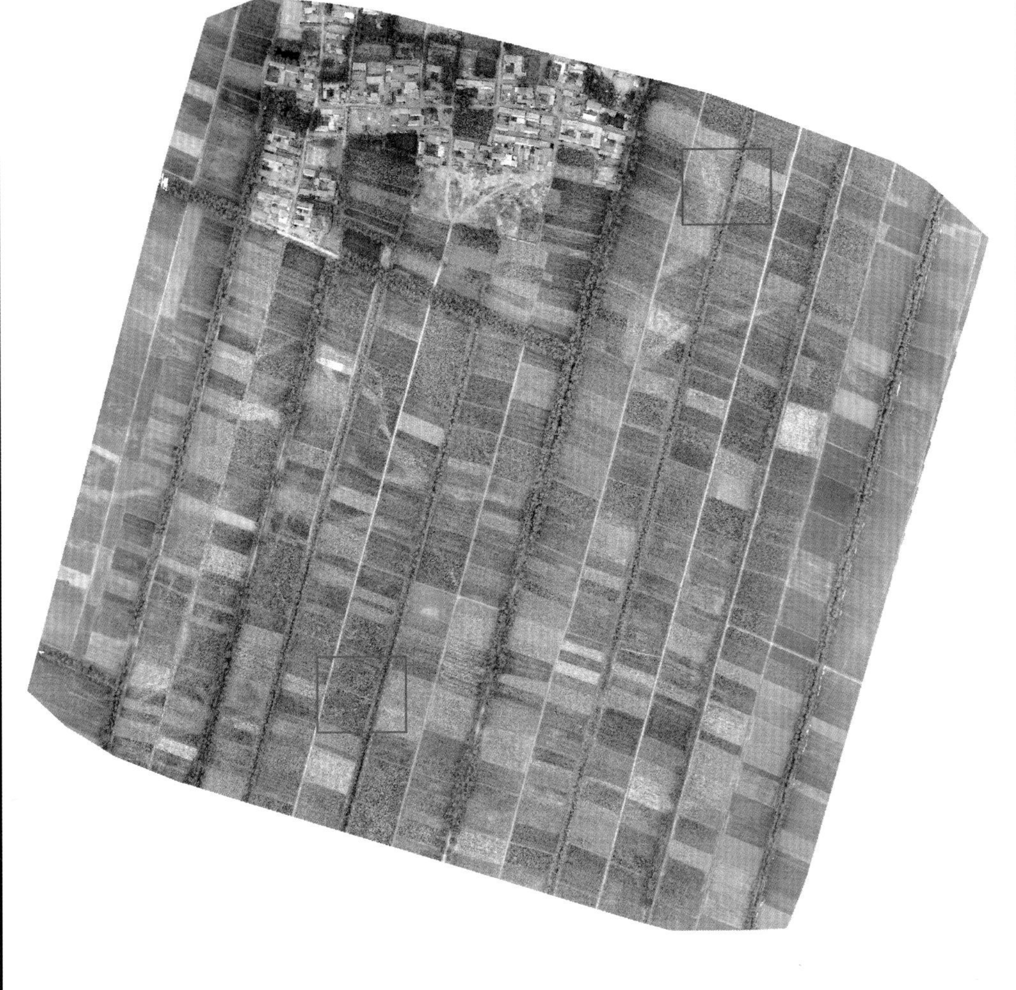

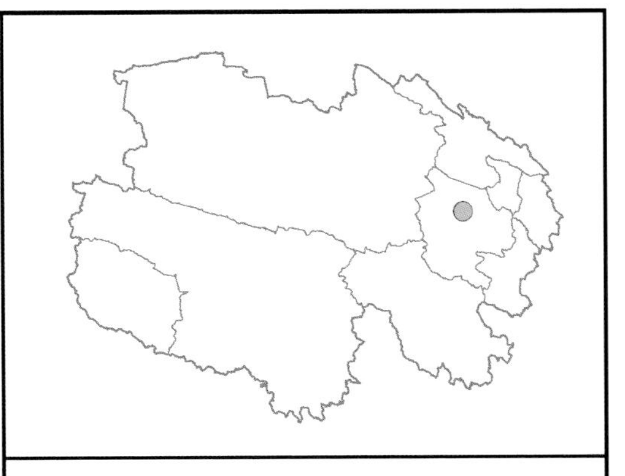

时　　间　2017 年 7 月

地　　点　青海省海南藏族自治州共和县

地　　形　高原

类　　型　油菜田、青稞田、小麦田

青海省

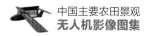

青海省海南藏族自治州共和县农田景观

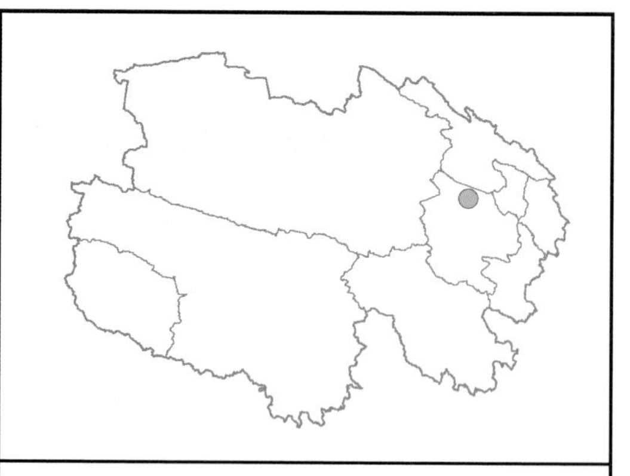

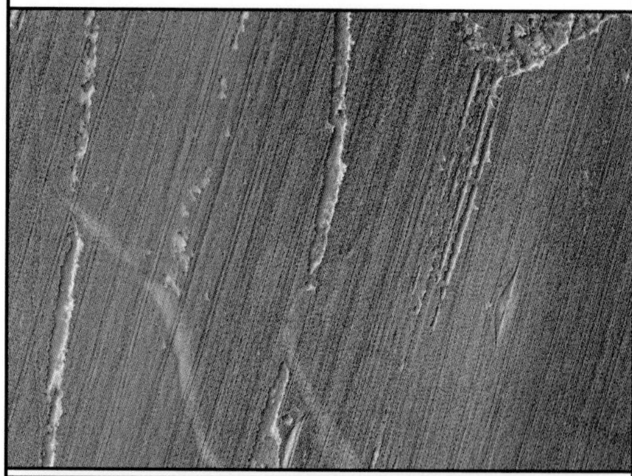

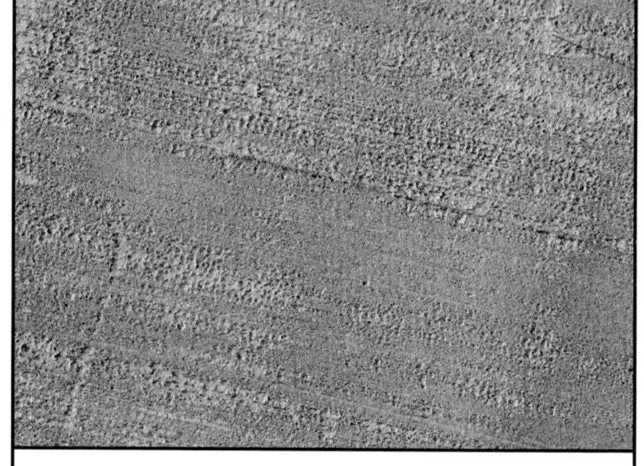

时　　间　2017 年 7 月

地　　点　青海省海南藏族自治州共和县

地　　形　高原

类　　型　油菜田、青稞田

青海省黄南藏族自治州尖扎县农田景观

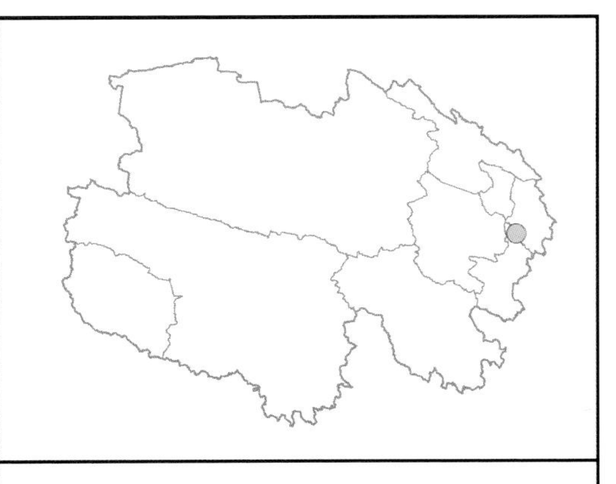

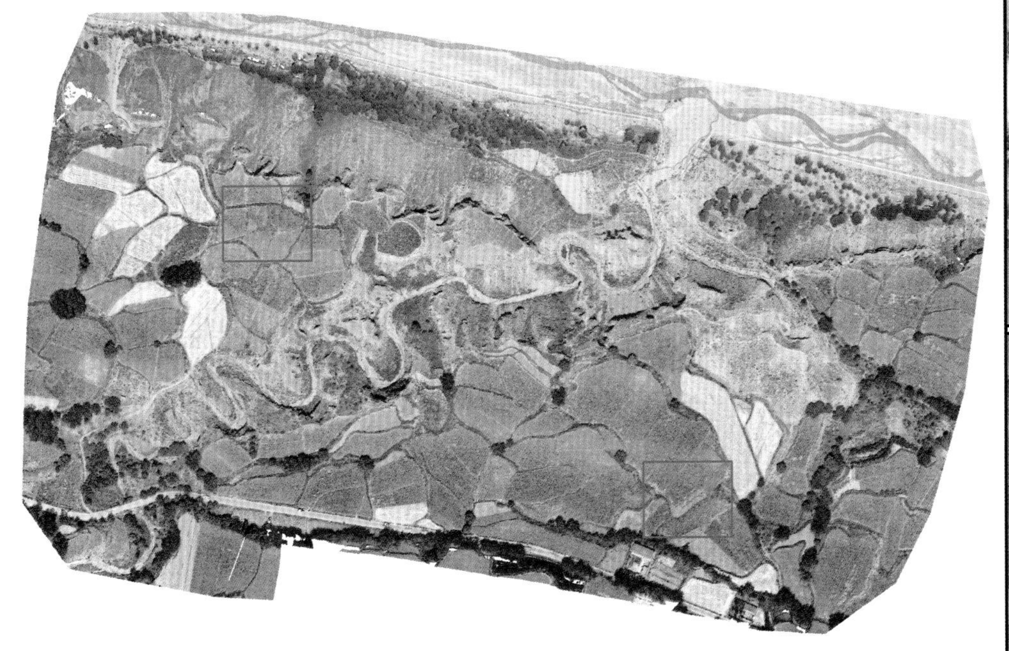

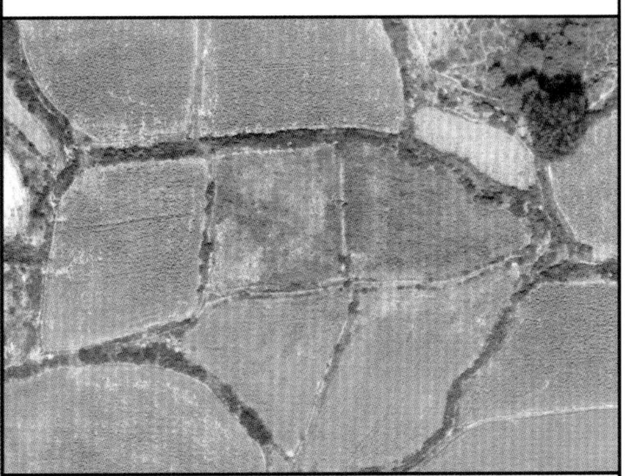

时　　间　2017年7月

地　　点　青海省黄南藏族自治州尖扎县

地　　形　高原

类　　型　小麦田、青稞田

青海省

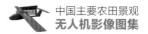

青海省黄南藏族自治州尖扎县农田景观

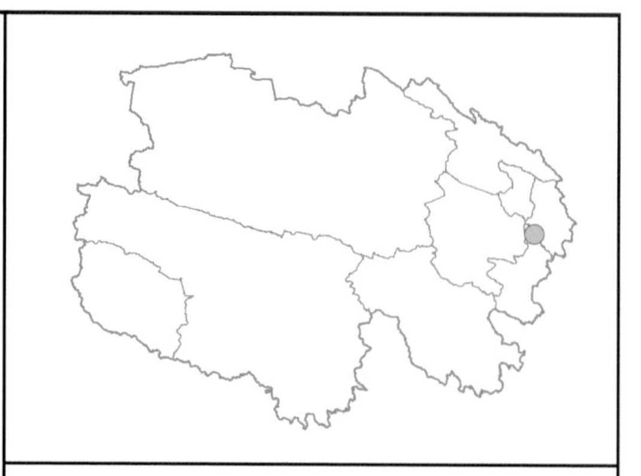

时　　间　2017 年 7 月

地　　点　青海省黄南藏族自治州尖扎县

地　　形　高原

类　　型　小麦田

青海省黄南藏族自治州尖扎县农田景观

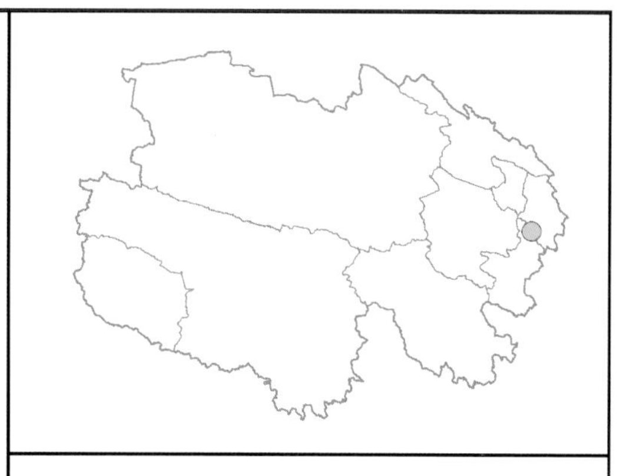

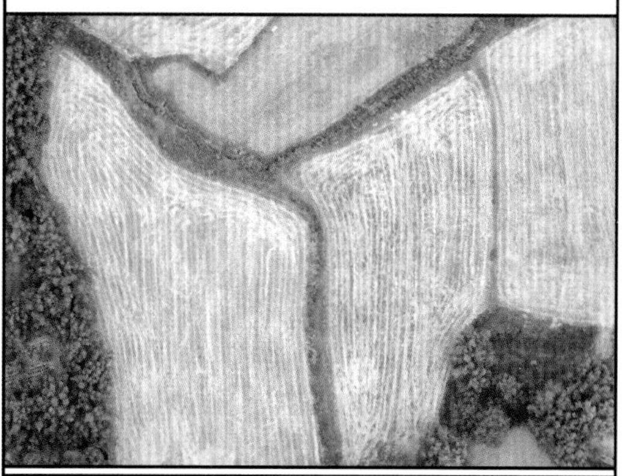

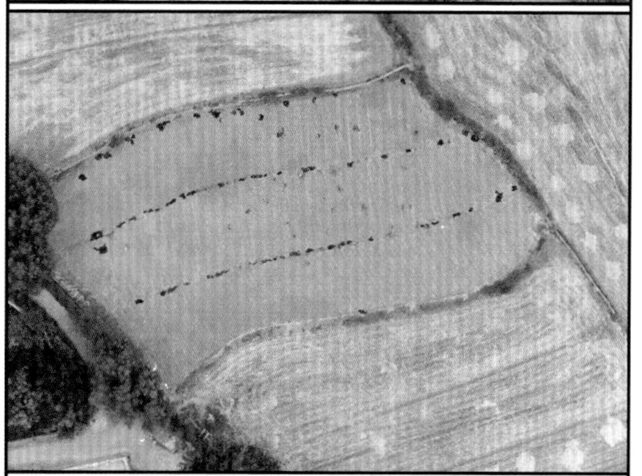

时　　间　2017年7月

地　　点　青海省黄南藏族自治州尖扎县

地　　形　高原

类　　型　小麦田

新疆维吾尔自治区昌吉回族自治州
玛纳斯县农田景观

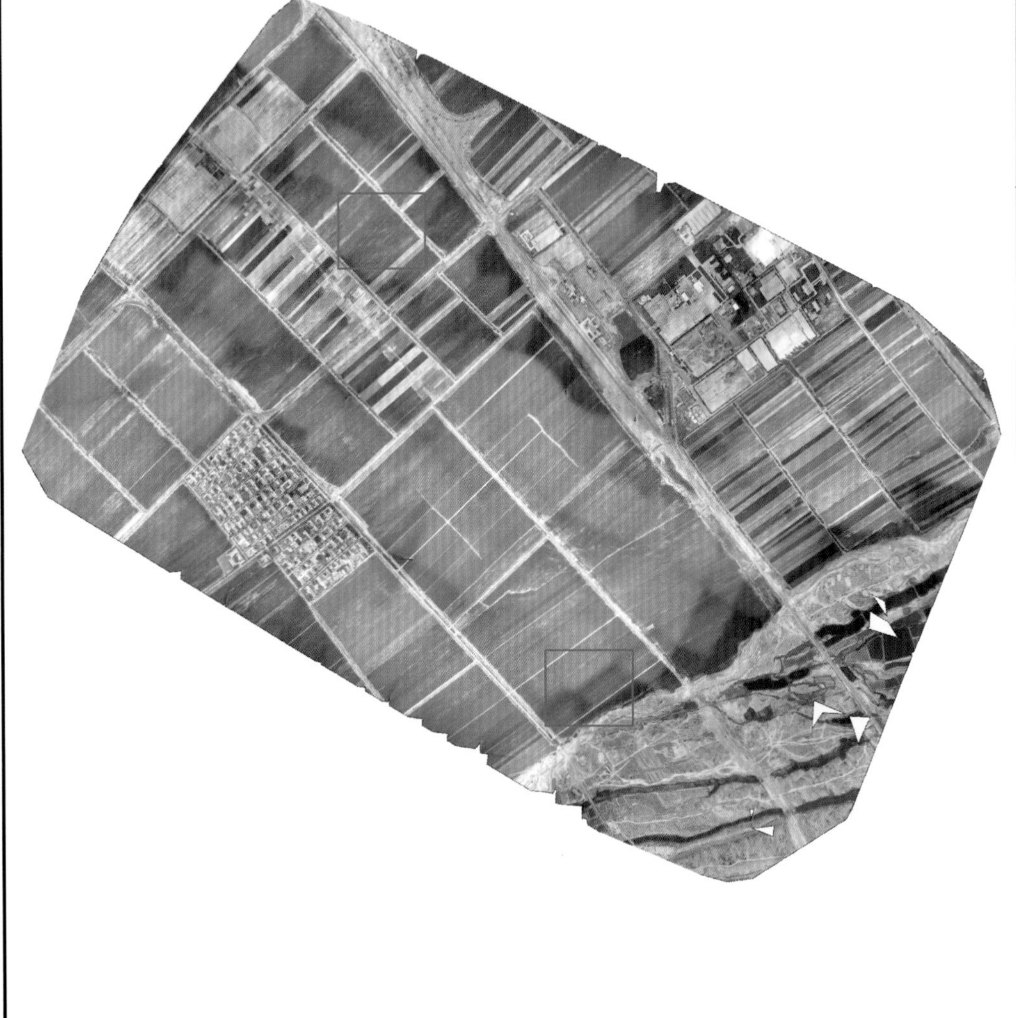

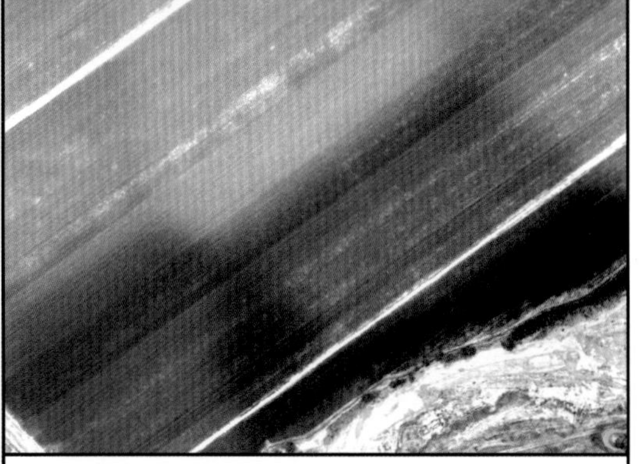

时　间	2013 年 7 月
地　点	新疆维吾尔自治区 昌吉回族自治州 玛纳斯县
地　形	平原
类　型	玉米田

新疆维吾尔自治区昌吉回族自治州玛纳斯县农田景观

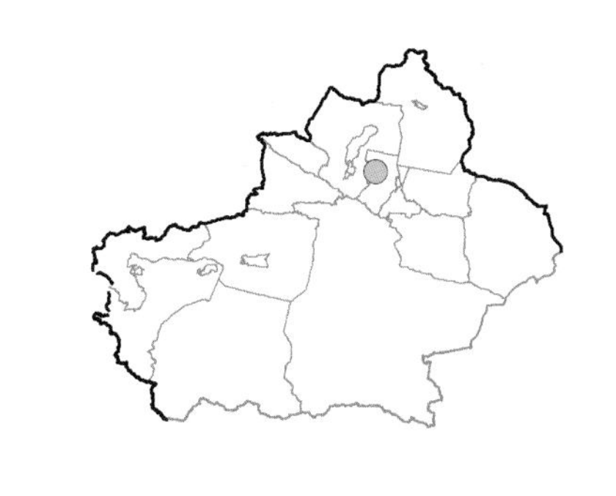

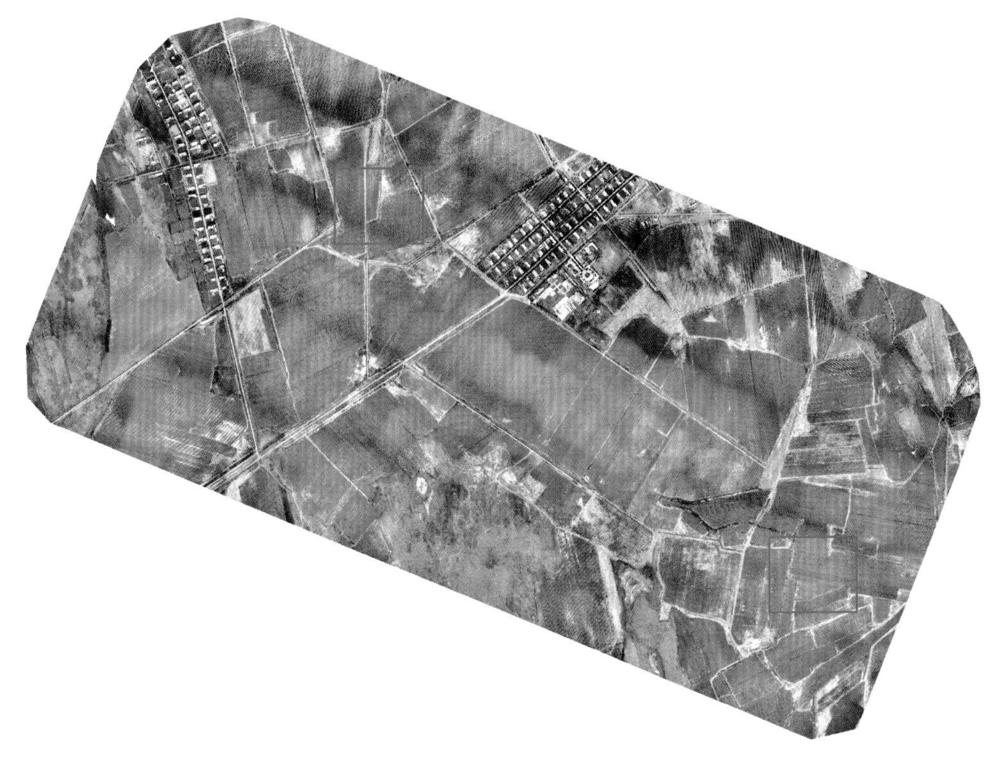

时　　间　2013 年 7 月

地　　点　新疆维吾尔自治区昌吉回族自治州玛纳斯县

地　　形　平原

类　　型　棉田

致　谢

农桑百里，万物生机，自古而今，构建着变化生动而延绵悠长的田园景观。南宋诗人方岳曾诗云：“秧田多种八月白，草树初开九里香。但得有牛横短笛，一蓑春雨自农桑。”生动描述了古人对农业生产的时节、环境、作物及其施作的观察。在农业信息化、现代化的过程中，中国农业科学院“国家农情遥感监测业务运行系统”，作为一项持续性的业务监测工作，无人机地面调查是其中重要的组成部分，业务运行中积累了大量的农田无人机调查数据。《中国主要农田景观无人机影像图集》的主要内容，正是在对以往无人机影像进行严格筛选的基础上，经预处理、解译、制图、审图等系列流程而形成的。

感谢中国农业科学院和中国农业科学院农业资源与农业区划研究所，在长期业务运行工作中提供了科研、工作条件的保障，是监测系统稳定运行的坚实基础。感谢中国农业科学技术出版社等单位，在出版过程中的倾力付出，给予的鼎力支持，使该图集得以顺利出版。感谢杨福刚、季富华、曹怀堂、魏殿中、贾雪飞等同事，先后参加了常规无人机野外调查工作，为本图集丰富的数据来源作出的贡献。

农业现代化是科学发展的潮流，该图集似若滴水汇入其中，是全体作者的本心。祖国大地广袤而深远，于秀丽多样的农田景观，图集择要而示之，虽有遗珠之憾，亦有循规律之始，进本质其阶之意。诚缘科学初衷，囿于学识之限，不足之处恳请读者不吝指正，我们将在以后的工作中逐步完善。

全体作者

2021 年 10 月于北京